회복도시와 도시설계

Restorative City and Urban Design

회복도시와 도시설계

2022년 10월 28일 1판 1쇄

지은이　이제선
펴낸곳　연세대학교 출판문화원
주소　서울특별시 서대문구 연세로 50
등록　1955년 10월 13일(제9-60호)
전화　02) 2123-3378~80
팩스　02) 2123-8673
전자우편　ysup@yonsei.ac.kr
홈페이지　http://press.yonsei.ac.kr
인쇄　(주)네오프린텍

ISBN　978-89-6850-681-9(93530)

값 12,000원

회복도시와 도시설계

Restorative City and Urban Design

이제선 지음

연세대학교 출판문화원

| 들어가며 |

현대도시는 인구의 과밀, 물리적 환경이 주는 스트레스, 복잡한 도시생활 등으로 인해 도시에 사는 사람들의 스트레스, 우울증 그리고 정신질환 비율이 전 세계적으로 증가하고 있는 경향을 보여줌

도시화는 점점 더 가속화되고 있으며 이러한 대규모 도시화에 따라 발생 될 제반 문제들을 어떻게 대처할 것인가를 고민하게 하고 있으며 이에 따른 변화는 정치적, 경제적 그리고 사회적 조직들과 관련하여 신중하게 숙고할 것을 요구

2020년 이후 전 세계로 확산하고 있는 Covid-19에 의한 팬데믹은 도시설계 및 계획 분야에 팬데믹에 대응할 수 있는 근미래의 도시 모습이 어떻게 되어야 하는지 논쟁을 불러옴

그와 더불어 소셜미디어의 성장을 포함해 도시에서 사회적 네크워크 및 사회보장 체계 등의 변화는 도시인들에게 고독과 외로움을 낳고 있으며, Covid-19 팬데믹은 전 세계 사람들에게 도시 내 공공오픈스페이스의 중요성 그리고 사람들이 어떻게 소통하면서 살아야 하는지 다시 한번 생각하게 하고 있음

팬데믹으로부터 도시를 안전하고 건강하게 할 수 있는 물리적 환경을 만드는 것은 도시설계에서 매우 주요한 분야이며, 이런 맥락에서 이 책은 다음과 같은 내용을 중심으로 살펴봄

▶ 감염병에 취약한 현대도시

- 도시가 발전 · 성장하면서 도시화율 증가, 인구 밀집, 개인 및 보건 위생 문제 등이 심화하였고, 감염병 등 전염성 질병 발생으로 도시민들이 겪는 도시문제가 산업혁명 이후

최근까지 지속해서 발생하고 있음

- 특히 21세기에 들어선 현대도시는 인구밀도 증가, 교통 발전에 따른 이동 거리 증가, 고령 인구 증가 등으로 인해 과거 대비 감염병에 대한 노출성, 전파성, 취약성 등 병원균에 대한 위험성이 매우 증가해 이에 대한 대비 필요

▶ **도시민의 일상생활 변화에 따른 미래 사회상과 도시공간구조 변화**

- Covid-19에 대응하면서 사회적 교류가 차단되었고, 이에 따른 도시민 활동 제한, 비대면 / 비접촉 서비스 확대 등 지역경제 및 도시민의 일상생활 변화 예상
- 또한 Covid-19로 인한 사회적 변화들이 포스트 코로나 시대의 도시 공간 조성과 관련된 계획 및 관리 측면의 변화를 불러일으킬 것으로 예측됨
- Covid-19 이후에도 감염병에 대응할 수 있는 건강한 도시공간 조성을 위한 대응 방안 마련이 필요

▶ **감염병에 대응하는 건강한 도시를 만들기 위한 구체적인 설계방향 필요**

- 감염병 상황에서 현대도시의 공간구조, 취약요소 등이 무엇이고, 그에 대한 대응 방안을 어떻게 구상 · 적용해야 하는지에 대한 지침 필요
- 감염병으로 인한 도시문제를 해결하기 위해 구체적 도시계획 및 설계적 지침을 마련하여 지속가능하고 건강한 미래 도시를 실현할 수 있을 것으로 기대
- 다루고 있는 내용은 감염병 중 Covid-19에 한정하여 영향을 살펴보았으며 물리적 건조환경에 초점을 맞춘 대응방안을 도출하고자 다음과 같이 7장으로 구성되어 있음

▶ **1장에서는**

- 감염병의 정의와 특성과 관련하여 감염병의 정의 및 유형, 감염병 관련 국내외 도시사례 및 미래 변화상 예측
- 도시 내 취약요소 파악, 도시공간구조에 미치는 영향 및 문제점 분석 그리고 감염병 전파에 따른 도시공간 간 변화 및 분석을 포함한 감염병 전파에 따른 미래 변화 조사
- 마지막으로 포스트 코로나 시대의 도시공간구조 변화상 예측을 통한 '분산화', '자족성',

'스마트', '건강/보건', '가변성'의 5가지 쟁점 사항 도출

▶ 2장에서는

– 회복도시(Restorative City)와 관련하여 팬데믹과 인간 행동, 회복도시의 개념, 감염병 이후의 미래도시 그리고 팬데믹과 도시설계에 대하여 살펴봄

▶ 3장에서는

– 감염병 극복을 위한 신도시 설계 방향과 관련하여 계획의 범위 및 목표 그리고 신도시 설계 방향을 제시함

▶ 4장에서는

– 감염병 극복을 위한 도시재생 설계 방향과 관련하여 계획의 범위 및 목표 그리고 도시재생 설계 방향을 제시함

▶ 5장에서는

– 감염병 극복을 위한 공동주택 설계방향과 관련하여 계획의 범위 및 목표 그리고 공동주택 설계 방향을 제시함

▶ 6장에서는

– 감염병 극복을 위한 학교 설계방향과 관련하여 계획의 범위 및 목표 그리고 학교 설계 방향을 제시함

▶ 7장에서는

– 감염병과 관련하여 사회변화 및 도시공간 변화 및 향후 제언을 제시함

마지막으로 이 책을 발간하는 데 도움을 준 연세대학교 도시공학과 도시설계 및 재생 연구실에 감사를 표합니다.

목차

1장

감염병과 도시

1. 감염병의 정의와 특성
2. 감염병 전파에 따른 미래 변화
3. 감염병 관련 주요쟁점

01 감염병의 정의와 특성

가. 감염병의 정의 및 유형

▶ 감염병 정의

- 전염병은 사람과 사람 사이의 병원체 이동만을 의미 하지만, 감염병이란 사람과 사람 사이에 병원체가 이동하는 것을 포함하여 공기, 흙 등 사람 이외의 전파원에 의해 병원체가 옮아와 발병하는 것까지를 의미함(현정희, 2017)
- 2020년부터 유행하고 있는 코로나바이러스 감염증(Covid-19)은 바이러스 입자 표면에 튀어나온 단백질 모습이 왕관 혹은 태양의 코로나와 유사해서 왕관을 뜻하는 라틴어인 '코로나'로 명명됨
- 2020년 12월 현재 전 세계적으로 약 7천 2백만 명의 확진자와 약 160만 명의 사망자가 발생함(세계보건기구 Covid-19 대시보드)

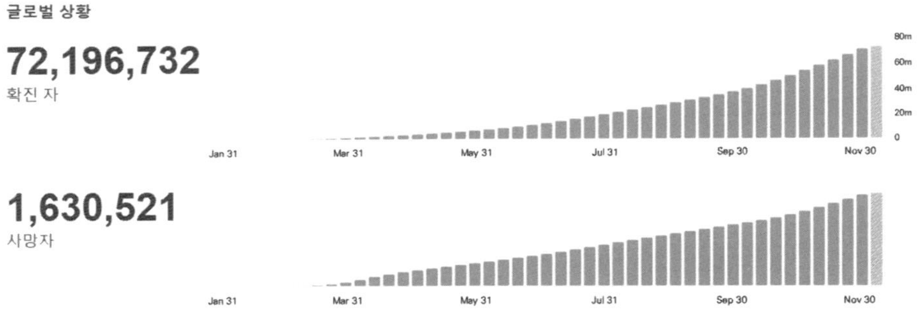

<그림 1-1> 세계 Covid-19 현황

(자료: 12월 17일 검색, https://covid19.who.int/)

▶ 감염병 유형

– 『감염병의 예방 및 관리에 관한 법률』(약칭: 감염병예방법)에서는 감염병의 발생과 유행을 방지하고, 예방 및 관리를 위해 감염병을 10개의 유형으로 구분함

– 감염병 유형을 정리한 내용은 〈표 1-1〉과 같음

<표 1-1> 감염병 유형

구분	내용	종류
제1급 감염병	생물테러감염병 또는 치명률이 높거나 집단 발생의 우려가 커서 발생 또는 유행 즉시 신고하여야 하고, 음압격리와 같은 높은 수준의 격리가 필요한 감염병(지정 감염병 포함)	에볼라바이러스병, 마버그열, 라싸열, 크리미안콩고출혈열, 아메리카출혈열, 리프트밸리열, 두창, 페스트, 탄저, 보툴리눔독소증, 야토병, 신종감염병증후군, 중증급성호흡기증후군(SARS), 중동호흡기증후군(MERS), 동물인플루엔자 인체감염증, 신종인플루엔자, 디프테리아
제2급 감염병	전파 가능성을 고려하여 발생 또는 유행 시 24시간 이내에 신고하여야 하고, 격리가 필요한 감염병	결핵, 수두, 홍역, 콜레라, 장티푸스, 파라티푸스, 세균성이질, 장출혈성대장균감염증, A형간염, 백일해, 유행성이하선염, 풍진, 폴리오, 수막구균 감염증, b형헤모필루스인플루엔자, 폐렴구균 감염증, 한센병, 성홍열, 반코마이신내성황색포도알균(VRSA) 감염증, 카바페넴내성장내세균속균종(CRE) 감염증
제3급 감염병	발생을 계속 감시할 필요가 있어 발생 또는 유행 시 24시간 이내에 신고하여야 하는 감염병	파상풍, B형간염, 일본뇌염, C형간염, 말라리아, 레지오넬라증, 비브리오패혈증, 발진티푸스, 발진열, 쯔쯔가무시증, 렙토스피라증, 브루셀라증, 공수병, 신증후군출혈열, 후천성면역결핍증(AIDS), 크로이츠펠트-야콥병(CJD) 및 변종크로이츠펠트-야콥병(vCJD), 황열, 뎅기열, 큐열(Q熱), 웨스트나일열, 라임병, 진드기매개뇌염, 유비저, 치쿤구니야열, 중증열성혈소판감소증후군(SFTS), 지카바이러스 감염증
제4급 감염병	제1급 감염병부터 제3급 감염병까지의 감염병 외에 유행 여부를 조사하기 위하여 표본감시 활동이 필요한 감염병	인플루엔자, 매독, 회충증, 편충증, 요충증, 간흡충증, 폐흡충증, 장흡충증, 수족구병, 임질, 클라미디아감염증, 연성하감, 성기단순포진, 첨규콘딜롬, 반코마이신내성장알균(VRE) 감염증, 메티실린내성황색포도알균(MRSA) 감염증, 다제내성녹농균(MRPA) 감염증, 다제내성아시네토박터바우마니균(MRAB) 감염증, 장관감염증, 급성호흡기감염증, 해외유입기생충감염증, 테로바이러스감염증, 사람유두종바이러스 감염증
기생충 감염병	기생충에 감염되어 발생	회충증, 편충증, 요충증, 간흡충증, 폐흡충증, 장흡충증, 해외유입기생충감염증
WHO 감시대상 감염병	WHO가 국제공중보건의 비상 사태에 대비하기 위하여 감시대상으로 지정	두창, 폴리오, 신종인플루엔자, 중증급성호흡기증후군, 콜레라, 폐렴형 페스트, 황열, 바이러스성 출혈열, 웨스트나일열
생물테러 감염병	고의 또는 테러 등을 목적으로 이용된 병원체에 의하여 발생	탄저, 보툴리눔독소증, 페스트, 마버그열, 에볼라열, 라싸열, 두창, 야토병

구분	내용	종류
성매개 감염병	성 접촉을 통하여 전파	매독, 임질, 클라미디아, 연성하감, 성기단순포진, 첨규콘딜롬, 사람유두종바이러스 감염증
인수공통 감염병	동물과 사람 간에 서로 전파되는 병원체에 의하여 발생	장출혈성대장균감염증, 일본뇌염, 브루셀라증, 탄저, 공수병, 동물인플루엔자 인체감염증, 중급성호흡기증후군, 변종크로이츠펠트-야콥병, 큐열, 결핵
의료관련 감염병	환자나 임산부 등이 의료행위를 적용받는 과정에서 발생	반코마이신내성황색포도알균(VRSA) 감염증, 코마이신내성장알균(VRE) 감염증, 티실린내성황색포도알균(MRSA) 감염증, 다제내성녹농균(MRPA) 감염증, 제내성아시네토박터바우마니균(MRAB) 감염증, 바페넴내성장내세균속균종(CRE) 감염증

▶ 감염병의 공간적 확산

- 사람 간 감염의 경우 감염병 바이러스를 가진 사람으로부터 주변으로 병원체가 퍼져나가게 되는 과정
- 최근 유행하는 코로나바이러스 감염증은 감염자의 비말이 공기나 오염된 매개물을 통해 다른 사람의 호흡기나 눈 · 코 · 입 점막으로 침투되어 공간적 확산이 발생(국토연구원, 2020)

▶ 감염병 공간 확산 유형

- 감염병의 공간 확산 유형으로는 〈표 1-2〉와 같이 위계적 확산, 팽창형 확산, 이전 확산, 전염성 확산, 혼합형 확산의 총 5가지로 분류됨(국토연구원, 2020)
- 감염자 측면에서 전파는 공기를 매개로 하거나 밀접 접촉을 통한 바이러스의 전파로, 일정 공간 내에 감염자와 비감염자가 함께 존재할 경우에 일시적으로 발생
- 실제 코로나 계열 바이러스의 경우에도 감염자의 가족 및 접촉자, 진료에 참여한 의료진이 일차적으로 감염된 후 주변으로 퍼져나갔으며, 인구가 밀집한 도심에서 시작하여 사람 간 접촉을 통해 인접한 주변으로 단계적으로 나간다고 볼 수 있음

<표 1-2> 감염병 공간 확산 유형 및 특징

유형	특징
위계적 확산	계층 간 또는 장소의 위계 간에 발생하는 확산 방식으로 이를 통해 도심에서 소도시로 에이즈(AIDS)가 확산 되는 과정이 설명됨

팽창형 확산	한 장소에 있는 감염병 소스, 즉 병원체가 외곽 방향으로 번져 새로운 장소로 확산되는 형태로 산불이나 기술의 확산과 유사한 모습을 보임
이전 확산	사람들이 시골에서 도시로 이주하는 것과 같이 병원체가 초기 발병 원인을 그대로 남겨 놓은 채 새로운 장소로 이동하는 패턴을 의미함
전염성 확산	홍역과 같이 감염병의 확산이 개인 간 직접적인 접촉에 의해서 발생하는 방식
혼합형 확산	위계적 확산과 전염성 확산이 동시에 일어나는 방식으로 개인 간 접촉에 의해 지역적으로 확산이 발생하고, 네트워크를 통하여 도심에서 주변 소도시로 병원체가 이동 한 다음 다시 전염성 확산이 일어나는 형태를 보여 네트워크 확산(network diffusion)으로 이해될 수 있음

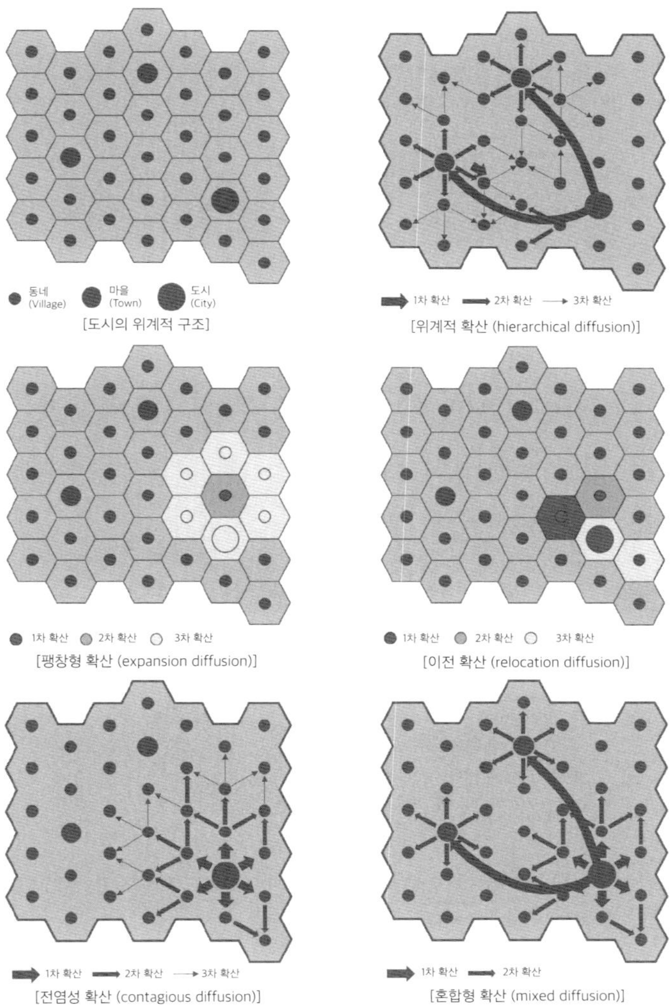

<그림 1-2> 공간적 확산 유형(국토연구원, 2020)

나. 국내외 도시사례

▶ 감염병 관련 국내 도시 대응역사

- 우리나라는 감염병으로 인한 큰 피해를 감염병 대응 차원에서 위생문제 해결, 보건의료시설 확충 등 도시 계획적 접근 방법을 사용함
  - 조선 시대에 홍역, 장티푸스, 천연두 등으로 수많은 사망자를 냈고 이를 해결하기 위해 도시 곳곳에 공중화장실의 증설과 도성에서 상수원을 제공하자는 의견 출현
  - 특히 1800년대 후반에서 1900년대 중반까지 전국적으로 콜레라가 유행하였던 대한제국 시기에는 도시개조사업의 일환으로 길을 넓히고, 탑골공원 조성 등 도시위생을 개선하는 사업 시행
  - 1900년대 중반에는 결핵으로 인해 1937년 한 해만 6,000여 명이 사망하였고, 이를 해결하기 위해 1960년대 도시 곳곳에 보건소의 설치 및 결핵 관리시스템 구축으로 해결 시도(권오영, 2016)
  - 2000년대 이후 사스, 신종플루, 메르스, Covid-19 등 신종감염병의 위협으로 이를 해결하기 위한 공중보건 방역체계 마련
  - 특히 Covid-19의 경우 사회적 거리 두기, 확진자 및 접촉자 추적, 선별진료소를 통한 광범위한 신속 검사시스템 구축, 감염 확산 억제를 위한 소독 및 격리시설 운영 등 도시적 차원의 해결 시도(손창우, 2020)

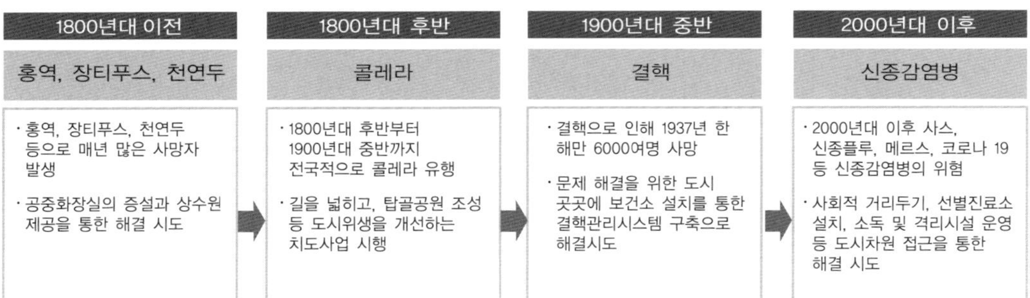

<그림 1-3> 감염병 관련 국내 사례

▶ 감염병 관련 해외 도시 대응역사

- 1700년대 흑사병, 1800년대 콜레라, 1900년대 스페인 독감 그리고 현재 Covid-19까지

100년 주기로 범유행(pandemic) 현상 발생

- 과거 대규모 감염병의 역사와 당대 도시계획 역사를 들여다볼 때, 감염병의 확산 방지와 공중위생 증진을 위한 도시변화 시도가 역사 속에 존재함
- 14세기 흑사병(페스트)에 대응하기 위한 밀라노의 방사형 도시 팔마노바 건설, 17세기 콜레라 유행 시 공중위생 증진 위한 상하수도망을 계획한 오스만 파리 개조사업 등의 사례 존재
- 또한, 세계 여러 도시들에서도 감염병에 대응하기 위한 〈표 1-3〉과 같은 도시공간구조 변화 추진이 나타나고 있음

<표 1-3> 감염병 대응을 위한 세계 도시 공간의 변화

도시	대응
베를린 (독일)	• 대중교통 이용의 대안으로 기존 도로에 일시적 적용이 가능한 자전거 도로 설치 • 도시공간의 활용 시간 및 유연한 용도 조절 등의 전략적 도시계획 사용
잘츠부르크 (오스트리아)	• 칸막이 역할의 90cm의 수목 울타리를 사이에 두고 개인 영역을 확보할 수 있는 공원 디자인 제안
바르셀로나 (스페인)	• 보행자도로 개선, 자전거 도로 확대, 버스 이동망 개선 등 지속가능한 이동성 전략 채택 • 슈퍼블록, 옥상 녹지 조성 등의 지속가능한 공공공간을 위한 정책 반영
부르노 (체코)	• 식사용 야외 테이블 주변에 노란색 동그라미 선을 친 '미식 안전 존(Gastro Safe Zone)' 적용

- 해외 도시의 경우 도시 형태 변형, 공간 분리를 통해 인구밀도 분산, 토지이용 변화, 위생 기반시설 설치 및 법적 제도개선을 통해 감염병에 대응

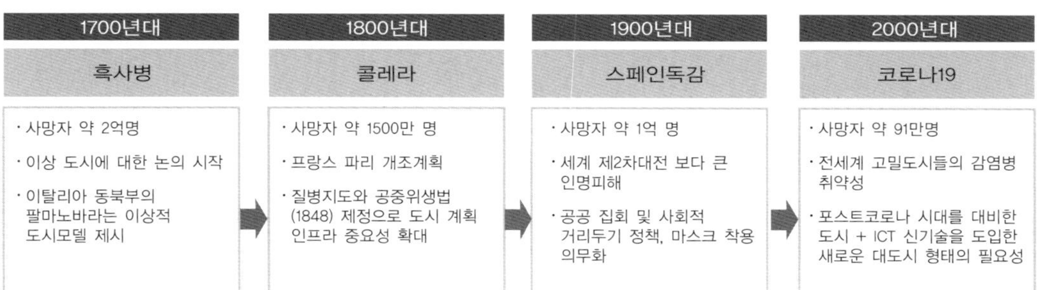

<그림 1-4> 감염병 관련 해외 사례

▶ Covid-19 관련 국내 대응사례

- 국내에서는 Covid-19 유행에 대응하여 중앙방역대책본부를 구성하고 질병관리본부를 중심으로 대응 조치를 취했으며, 6시간 안에 진단하는 RT-PCR 방법 조기 개발 및 투명한 정보공개, 경로추적 등 적극적인 방역 조치 시행
- 드라이브 스루 선별진료소는 미국, 유럽 등에서도 국내 상황을 참고하여 운영하는 등 외국 전문가들도 국내의 대처 역량을 높이 평가
- 현재 전 세계적으로 시행 중인 사회적 거리두기는 백신이나 치료제가 없는 상황에서 검사, 조기 발견, 환자와 접촉자 격리 등의 방역 활동과 함께 비약물적 중재 전략으로서 도입하고 있는 확산 억제정책이 되고 있음
- 하지만 일상생활과 경제활동을 중단하는 정책이기 때문에 경제와 사회에 큰 피해와 부담을 주며, 그 피해와 부담은 인구집단 간에 차별적으로 나타남
- 앞으로 Covid-19 유행이 얼마나 지속할지에 대한 예측은 어려우며 사람이 생활하는 건축 및 도시 차원에서 시설물 설치기준, 물품과 서비스 구매, 소비 방식, 근무 여가 방식, 사람과 접촉하는 방식, 위생확보, 장소이동, 공간 이용, 사회참여 방식 등에서 새로운 시각으로 현황을 점검하고 대응책을 제시할 필요성 대두

▶ Covid-19 관련 해외 대응사례

- 선진국으로 인정받아 왔던 서유럽, 미국, 일본의 초기 Covid-19 대처 능력과 국가 통제력 실패를 지켜본 결과 우수한 사례로서 벤치마킹할 대상조차 실종된 상태
- 중국 우한에서 최초 발견되어 2020년 2월 11일 WHO는 새로운 바이러스를 'Covid-19'로 공식 명명하고 한 달 뒤에 Covid-19 팬데믹(pandemics) 선언

<표 1-4> 중국의 방역 대책

대책 단계	내용
1단계	우한에서 환자 유출 방지와 다른 도시에서의 유입 방지를 위해 감염원을 관리하고 전파 차단과 확산 예방을 위한 정부 각 분야의 공동 노력, WHO 정보제공, 관리지침 개발, 진단키트 개발, 야생동물 유통 엄격 관리 등 시행

2단계	유행의 강도 감소와 환자 증가 속도 경감 대책으로 환자치료, 사망 예방, 의료자원 재배치, 새 병원 건립, 집회 및 이동 제한, 시장 폐쇄, 보고 질병으로 지정(20일), 봉쇄(23일), 춘절 휴일 연장, 보건교육, 위기 대응 의사소통
3단계	집단발병 예방, 유행 예방관리와 지속가능한 사회경제적 발전 및 균형 대책으로 환자 치료와 전파 차단, 지역마다 다른 사정을 반영하여 위험도에 따른 지역 대책, 그리고 빅데이터, 인공지능을 이용한 접촉자 관리, 위험집단 판별의 신기술 적용, 의료 보험 적용 확대, 근로자에 사회복지서비스 제공, 진단, 치료, 백신 개발 가속화 등 연구개발 추진

▶ 슈퍼컴퓨터를 이용한 감염병 대응

- 2020년 10월, 일본 연구팀은 세계 최고 수준의 슈퍼컴퓨터 '후가쿠'를 활용하여 타액에 의한 비말 확산 상황을 예측한 연구를 진행함
  - 사무실, 병실, 열차 안, 택시 내부 등 여러 상황에 대한 가상 시뮬레이션을 진행
  - 사무실의 경우 4명 모두 마스크를 쓰지 않은 채 테이블에 앉아 1분 가량 대화하는 것으로 설정하였으며, 감염자의 맞은편에 앉은 사람에게 튀는 침방울 입자를 1로 가정하여 계산했을 때 옆자리로 튀는 비말의 양은 5배로 나타남
  - 또한, 마스크를 쓰지 않고 기침할 경우 습도 30%에서는 침방울 입자가 작아져 책상 맞은편으로 다량 날아갔으며, 습도를 60% 높이니 양이 절반 정도로 낮아짐

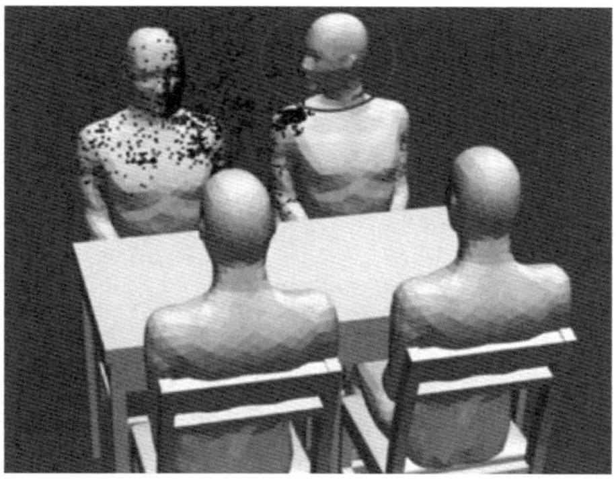

<그림 1-5> 사무실 가상 시뮬레이션

(© 일본 국립 이화학연구소)

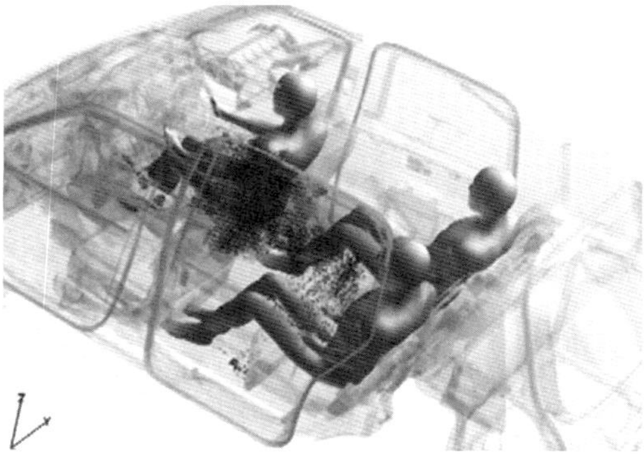

<그림 1-6> 택시 내부 가상 시뮬레이션

(© 일본 국립 이화학연구소)

<표 1-5> 일본의 Covid-19 대응 기본 지침

기본 지침	내용
환기 강화	창문이 있는 환경에서는 가능한 한 2방향의 창을 동시에 열어 환기를 강화함 (단, 어느 정도의 환기가 충분한지에 대한 근거는 아직 충분하지 않음)
재실 밀도 감소	재실자가 많은 경우 공간을 넓게 확보하여 상호 1~2m의 이격을 두는 등 재실자의 밀도를 감소시킴
근거리 밀접 대면 피하기	부득이하게 근거리에서의 대화가 필요한 경우에는 자신의 비말이 전파되지 않도록 기침 에티켓 요령 준수 및 마스크 착용

- 2020년 4월, 핀란드의 연구 기관도 Covid-19에 감염된 사람의 기침이 어떻게 실내에 확산 되는지 CSC의 슈퍼컴퓨터를 이용하여 시뮬레이션 진행
  - 영상 속 공간은 실내 식료품 가게로 사람과 사람 사이에 2m 정도 높이의 선반이 나란히 놓인 것으로 설정, 환기까지 고려된 상태로 가정함
  - 감염자의 기침으로 방출되는 20 마이크로미터(㎛) 미만의 에어로졸 확산 상황을 시각적으로 표현
  - 에어로졸의 색은 각 입자가 존재하는 위치를 나타내며 노란색에 가까울수록 높은 위치, 파란색에 가까울수록 낮은 위치에 존재하는 것을 표현
  - 기침에 의해 뿜어져 나온 에어로졸이 급속히 전방위로 확산 되는 것으로 확인되었으며, 약 2분 30초 후에는 2줄 떨어진 위치까지 퍼져나감

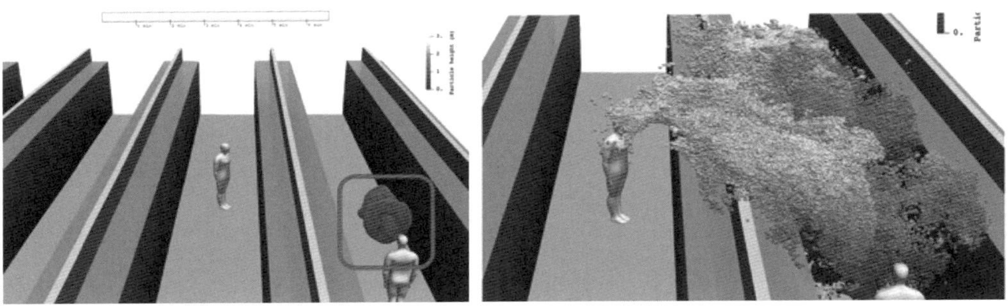

<그림 1-7> 핀란드의 비말 가상 시뮬레이션

(© 핀란드 알토대)

▶ 바닥공조 시스템

- 코로나 팬데믹에 대한 대응방안으로 〈그림 1-8〉과 같이 기존에 사용되던 천장공조시스템

(혼합공기 분배시스템)을 대신해 실내 환경에서 유해입자 전파를 최소화할 수 있는 가압식 바닥공조시스템 적용 방안 제시

- 천장공조시스템이나 시스템에어컨이 설치된 곳과 다르게 실내의 오염된 공기가 재순환되지 않고 오염된 공기를 상부로 유도 시켜 밀어내 천장의 리턴을 통해 공조기에서 처리하기 때문에 실내 공기질 향상에 매우 효과적
- 실내부하에 따라 송풍량을 조절하는 가변풍량(VAV)방식으로 실내 재실자의 요구에 맞게 취출구의 Open과 Close 시간을 제어해 실내 설정온도를 유지할 수 있으며, 22dB의 낮은 소음과 인테리어 변경 시 취출구 이동이 용이하고 유지보수가 편리
- 가압식 바닥공조시스템은 천장공조시스템대비 높은 급기온도(18℃)로 외기냉방 사용기간이 길어져 냉방부하가 절감돼 에너지절감에 도움이 되며 외기사용으로 상대적으로 더 쾌적한 실내 환경충족

공조시스템	
천장공조시스템	바닥공조시스템
· 낮은 취출 온도(14℃)와 높은 풍속(1.5m/s)으로 천장 취출구에서 공급돼 실내 거주공간에 난류 형성 · 실내의 오염된 공기가 혼합돼 실내공간 전체에 오염물질이 고르게 퍼지는 상태가 되어 혼합된 공기에는 오염물질 및 큰 입자 및 미립자가 포함 · 실내 공간에 거주하는 재실자는 감염입자를 쉽게 흡입할 가능성이 높으며 재실자 사이에 쉽게 전달되는 안전하지 못한 공조방식	· 천장공조시스템보다 높은 취출 온도(18℃)와 낮은 풍속(0.25m/s)으로 바닥 취출구에서 공급 · 공기가 실내로 유입되면 바닥으로부터 2m 높이의 거주 구역까지만 공조가 이뤄지며, 2m 이상 높이의 비거주구역과 온도 성층화를 이뤄 하부 공기는 쾌적한 상태를 유지하고 상부위 오염된 공기는 재순환되어 환기가 이루어짐 · 실내 재실자의 호흡으로 뿜어진 오염된 입자들은 서서히 상부로 올라가 환기되며 거주구역은 신선한 공기만 유지돼 쾌적한 실내공간을 유지

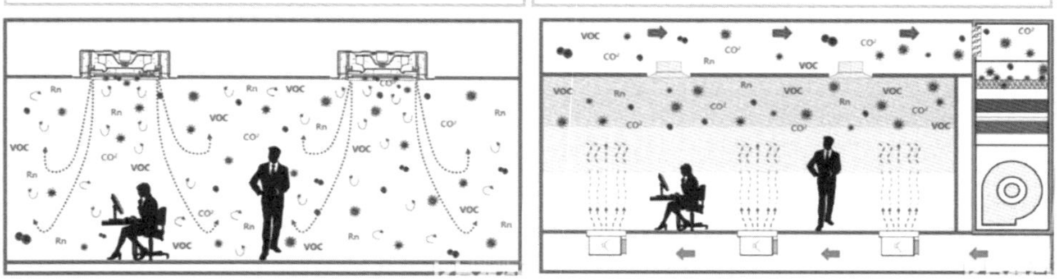

<그림 1-8> 천장공조와 바닥공조시스템의 비교

▶ **환기 및 공조 시설**

- 건물 내 공기의 흐름은 열과 습기뿐만 아니라 미립자 및 오염물질을 운반하는 운반체로서 매우 중요한 고려 대상임
- 최근 Covid-19와 같은 감염병은 모두 공기 중 전파와 사람의 호흡기를 통해 감염되므로 밀폐된 건물에서의 공기조화 및 환기설비는 감염경로 차단에 매우 중요한 수단임
- 외부로 배출된 공기의 바이러스 입자가 건물 내로 다시 유입될 수 있는 열회수 환기장치는 감염병에 더 위험하며, HVAC 시스템을 이용하여 급기와 배기공기를 분리시켜 가동해야 함(박진철, 2020)

다. 미래 변화상 예측

▶ **Covid-19 확산의 장기화로 인해 일상생활 및 여가, 보건 및 의료서비스, 교통, 상업, 교육 및 육아, 산업구조 및 고용 등 다양한 분야에서 사회적 변화가 발생함**

▶ **일상생활 및 여가**

- 사회적 거리 두기의 장기화로 타인과 접촉 빈도가 감소하면서 일명 '코로나 블루'로 불리는 자해 · 우울증 환자가 증가하고 있음
- 비대면 온라인 플랫폼 중심의 커뮤니티, 업무, 교육방식이 일상화됨
- 공공시설 및 문화시설의 폐쇄에 따른 문화 관련 여가활동이 줄어들고 있음
- 반면, 야외 공원 이용이 약 30% 증가하는 등 공원 및 외부활동이 증가하고 있음(서울시, 2020)
- 2020년 8월 서울시민 1,500명을 대상으로 한 설문에서 코로나 이후 서울시민의 71.2%가 집에 있는 시간이 1시간 이상 증가했다고 응답(서울시, 2020)
- 서재나 놀이방, 취미실 등 집의 추가된 역할을 수행할 수 있는 알파룸, 펜트리, 테라스 같은 특화설계를 적용한 주택 수요가 증가하고 있음

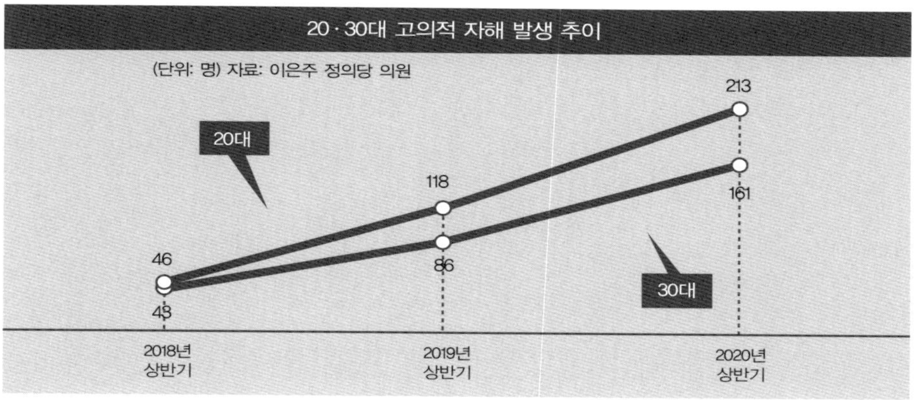

<그림 1-9> 20 · 30대 고의적 자해 발생 추이

(© 한겨레)

▶ 보건 및 의료서비스

- 의료서비스 제공 및 감염병 확산 대응 등의 체계적 시행이 가능한 감염병 전문 의료시설의 수요 증가(김동근, 2020)
- 감염병 상황에 필요한 마스크, 위생용품, 기초생필품 확보 필요성
- 밀도의 증가에 따른 다중이용시설에 대한 공공위생 시설 강화 필요성 증가

▶ 교통

- 세계적으로 대중교통 이용률이 최저치를 기록할 만큼 급격한 대중교통 기피 현상이 관찰됨
- 폐쇄된 공간에 밀집된 형태로 이용하는 대중교통 대신 타인과 비 접촉한 상태로 이용 가능한 자가용, PM(Personal Mobility) 등 개인 교통수단 선호도 증가
- 서울의 경우 대중교통 이용률은 20% 감소한 반면, 따릉이(66%), 나눔카(51%) 등 공유교통 이용 증가(서울연구원, 2020)
- 그러나 포스트 코로나 시대의 대중교통이 중요하다는 의견이 59%에 이르러 감염으로부터 안전한 대중교통 이용방안 마련 필요
- 한편 재택근무, 온라인 수업 등 비대면 활동 증가에 따라 통학 · 통근 감소로 교통 통행량 감소
- 비대면 경제활동의 증가로 인한 택배, 배달 서비스 수요 증가 및 화물 운송 증가

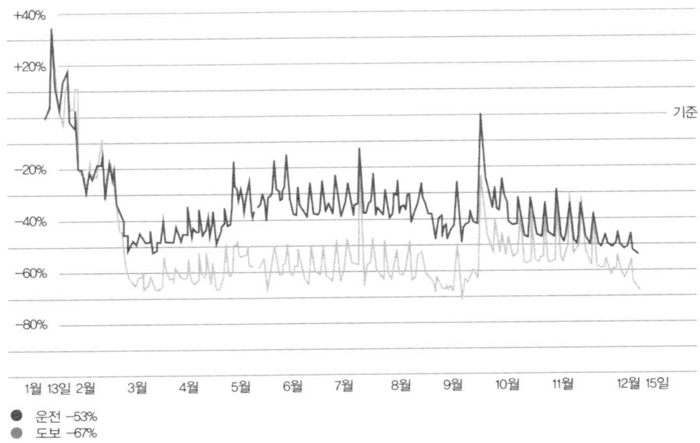

<그림 1-10> 애플 디바이스 기반으로 분석한 서울의 교통량 급감

(2020년 12월 17일 검색, © Apple)

▶ 상업

- 사회적 거리 두기, 모임 제한 등 조치로 인한 대형 상권 쇠퇴 현상 지속
- 오프라인 시장의 소비 권역이 파편화되어, 동네편의점과 기업형 슈퍼마켓, 반찬가게, 정육점, 야채 가게, 빵집 등 근린 상권의 매출이 증가하고 있음(이왕건, 2020)
- 근거리에 있어 접근이 용이한 편의점(6%)과 슈퍼마켓 매출(12%)은 증가하고 있음(하나금융연구소, 2020)
- 2020년 2월 유통채널 식품류 매출에서 대형 마트가 차지하는 비율은 1월보다 4.8% 감소(Covid-19 확산에 따른 농식품 소비 분야 영향, 2020)
- 2020년 2월 온라인 쇼핑 거래액이 전년 대비 25% 증가했으며, 전체 소매 판매액에서 차지하는 비중 역시 28%로 최고치를 기록했음(김정훈 외, 2020)
- 코로나 발생으로 방문 외식 감소와 배달 외식 증가가 가속화될 것으로 예상됨
- 2017년부터 2019년까지 월평균 방문 외식 빈도가 9.9회에서 7.8회로 감소하는 추세였으며, 배달 외식 빈도는 3.0회에서 3.4회로 증가하는 추세가 나타남(한국농수산식품유통공사, 2019)

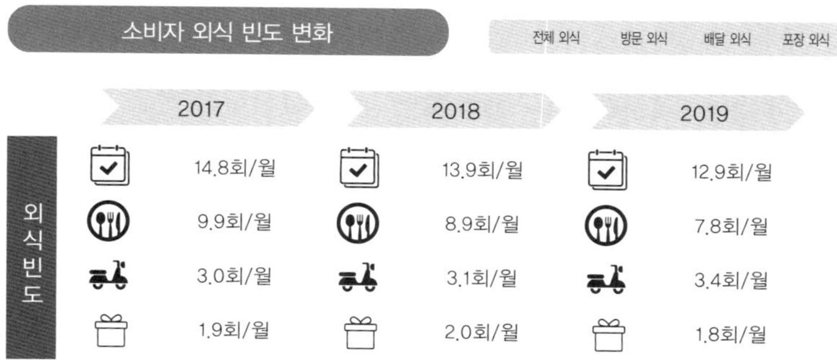

<그림 1-11> 외식 빈도 변화

(© 농림축산식품부)

▶ 산업구조 및 고용

- 사회적 거리두기 강화에 따라 재택근무, 화상회의 등 근무환경 변화 발생
- 원격근무 솔루션 시장규모의 지속적 성장이 예상되고 원격제어 · 모니터링 시장규모는 최근 5년간 연평균 13.0%씩 성장(Covid-19와 도시, 도시 회복력과 도시정책방향, 2020)
- 물리적 공간에서 이루어지는 문화산업 쇠퇴 및 온라인 동영상 플랫폼 등 비대면 자원 소비 비중 증가
- 제조업 부문에서는 생산과 수출의 어려움을 겪고 있음

▶ 교육 및 육아

- 개학 연기 장기화 및 온라인 비대면 학습의 비중 증가에 따라 교육의 질 감소를 우려하는 관점과 수업의 개방성이 높아지고 다양한 실험적 교육방식을 통한 교육혁신 기회가 마련될 수 있다는 관점이 공존하고 있음
- 온라인 수업 활성화로 오프라인 학원 수요가 감소할 것으로 예측됨(김동근, 2020)
- 개학 연기 및 보육 기관의 폐쇄에 따라 어린 자녀를 양육하는 가구에서 양육방식의 변화가 발생해 가정 내 돌봄 공백 발생(최윤경, 2020)
- Covid-19 이후 자녀 양육 가구의 소득과 근로시간은 줄고 지출은 늘어났고 돌봄 공백을 경험했다는 가구가 36.2%에 달함
- 보건 · 의료 인력을 비롯한 필수 직종에 종사하는 인력의 자녀 돌봄 서비스 부족 문제가 제기되고 있음

▶ 종합

– 분야별 변화상을 통해 알아본 사회변화상은 〈표 1–6〉과 같음

<표 1-6> 포스트 코로나 시대의 분야별 사회변화

구분	변화
일상생활 및 여가	• 타인과의 접촉 빈도 감소
	• 종교, 업무, 교육을 비대면으로 수행
	• 주거공간에서 머무르는 시간 및 여가 시간 증가
	• 외부활동(공원, 녹지) 욕구 증가
	• 공공시설 폐쇄 및 문화시설 이용 시간 감소
보건 및 의료서비스	• 감염병 전문 의료시설의 수요 증가
	• 마스크 등 위생용품 확보 및 개인 위생에 대한 관심 증가
	• 다중이용시설에 대한 공공위생 강화
교통	• 비대면 활동의 증가에 따른 교통 통행량 감소
	• 대중교통 기피 현상
	• 자가용, PM등 개인 교통수단의 선호
	• 배달 및 화물 운송의 증가
상업	• 대형상업시설의 쇠퇴
	• 배달 관련 상업시설 활성화
	• 온라인 거래 증가
	• 근린 상권의 매출 증가
산업구조 및 고용	• 재택근무, 화상회의 등 근무환경 변화
	• 문화산업의 쇠퇴 및 비대면 자원 소비 비중 증가
	• 제조업 부문의 어려움
교육 및 육아	• 온라인 수업의 확대 및 오프라인 학원 수요 감소
	• 비대면 수업으로 인한 돌봄 공백

02 감염병 전파에 따른 미래 변화

가. 도시 내 취약요소 파악

▶ 도시공간구조 취약요소 분류

- Covid-19의 여파로 도시공간구조에 존재하던 도시 내 취약요소에 주목하여 관련 연구를 포함한 다양한 자료를 통하여 현재 도시 내 존재하는 취약요소를 검토
- 감염병에 대한 도시 내 취약요소는 도시공간의 물리적 환경뿐만 아니라 도시 내 사회경제적, 환경적 요소 등 다양한 형태로 존재함
- 문헌 검토를 기반으로 도시공간구조 요소 중 Covid-19에 취약한 요소는 크게 〈표 1-7〉처럼 물리적, 사회경제적, 환경적 요소로 분류될 수 있음

<표 1-7> Covid-19에 의한 도시공간구조 취약요소

도시 내 취약요소		내용 요약	저자
물리적 요소	도시 밀도	밀도가 높은 도시일수록 사람 간의 높은 접촉 빈도 증가로 인해 감염양상이 악화	이시철 (2020)
			A.J. Jawad (2020)
	교통 연결성 및 이동성	도로망, 대중교통 체계 등을 통한 연결성 및 이동성에 의해 지역적 · 광역적 확산에 큰 영향을 미침	Connolly et al. (2020)
			S. Hamidi et al. (2020)
	의료시설 및 서비스	도시에서 제공되는 의료서비스의 질 및 접근성은 사망률과 연관성을 가지며, 양질의 의료서비스는 사망률을 감소시킴	김남순 (2020)
			EB Lerner (2020)
	혼잡/밀폐된 실내공간	다세대 및 다수의 인원이 공유하는 공간에서 밀접 접촉으로 인한 감염병 확산이 발생	이경기 (2020)
			Ashraf M. Salama (2020)

사회 경제적 요소	인구구조	고령인구가 많은 도시일수록 높은 사망률을 보이며, 경제적 수준 및 교육 수준에 따라 감염률이 변화	서울연구원 (2020)
			Baganz G. et al. (2020)
	사회적 취약계층	저소득층의 경우 감염병에 의한 경제적, 심리적 부담이 더 크며 감염병 대응에 취약	김동근 (2020)
			박미선 (2020)
	도시경제 및 상업	Covid-19의 확산으로 인해 도심의 중심상업 기능이 쇠퇴하고, lock-down으로 인한 도시경제의 악영향이 존재	Krzysztofik et al. (2020)
			Earl and Vietnam (2020)
	교육 및 육아	보육자의 경우, 학교와 보육시설의 폐쇄로 인해 돌봄 공백이 발생하며, 정신적, 경제적 부담 및 교육환경에 대한 우려로 확산	최아라 (2020)
			정익중 (2020)
환경적 요소	공기의 질	대기오염과 공기의 질은 Covid-19로 인한 감염률 및 사망률은 통계적으로 유의미한 양(+)의 관계를 지님	Comunian S et al. (2020)
			A Frontera (2020)
	바람의 순환	바람의 순환 및 풍속이 느릴수록 공기의 질이 하락하고, 그로 인한 Covid-19의 감염률이 증가	Sahin (2020)
			Lin et al. (2020)
	수자원의 질	수질의 높은 오염도 및 폐수의 미비한 관리체계는 감염병 확산을 촉진하는 역할을 함	Naddeo and Liu (2020)
			Bhowmick et al. (2020)

▶ 도시 내 물리적 취약요소

- 고밀의 도시공간에서 밀집된 도시기능 및 인구분포로 인해 감염병의 확산 속도 및 사망률이 증가
- 버스, 지하철, 환승센터와 같은 대중교통시설에서의 밀접 접촉으로 인해 감염병이 전파됨
- 교통량이 증가하면 지역적, 광역적으로 발생하는 감염병 확산이 증가하고, 교통 규제를 통해 교통량이 감소할 때 감염병 확진자 증가 속도가 감소
- 감염병의 확산 속도가 빨라지면서, 의료시설의 병상이 부족하고, 감염자가 치료를 받지 못하는 상황 발생
- 갑작스러운 감염병의 발발로 마스크, 손소독제 등 개인적으로 사용 가능한 1차 위생용품의 공급 부족 현상이 발생
- 공동주택의 경우, 다세대가 공유하는 엘리베이터, 복도 등의 공유공간에서 대부분의 감염병 전파가 이루어짐
- 학교 및 보육시설 내에서 다수의 인원이 교실, 놀이방, 복도 등 동일 공간에 장시간

머물면서 집단감염 발생

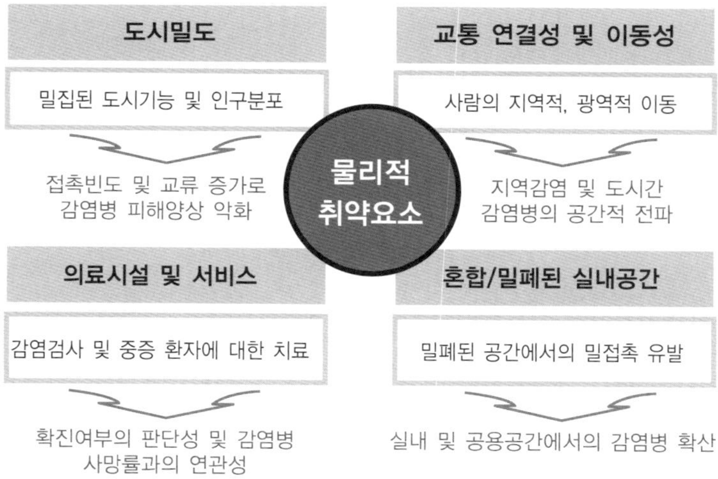

<그림 1-12> 물리적 취약요소

▶ 도시 내 사회경제적 취약요소

- 도시의 사망률에 가장 크게 영향을 주는 요소는 도시의 고령인구 비율이며, 그 외 아동, 임산부, 저소득층 등 감염병에 취약한 계층이 존재
- 감염병의 확산으로 인해 도시의 중심상업 기능이 쇠퇴하고 있으며, 대형 프렌차이즈, 유흥시설 등 감염병 취약시설의 이용에 대해 규제하고 있음
- Covid-19의 전파가 지속적으로 발생해, 도시 내 카페, 음식점 등의 상업시설 이용이 줄어들면서 사회적 소외계층 및 소상공인들의 경제적, 생계적 부담이 크게 증가
- 신조어 '코로나 블루'가 등장할 정도로 주거공간에서의 제한된 생활방식과 이로 인한 사회적 고립은 정서적 건강에 악영향을 미침
- 감염병 대응에 대한 필수근로자, 저소득층, 맞벌이 가정의 경우, 가정에서 자녀를 돌볼 수 있는 여건이 더욱 부족
- 보육자 대상 설문조사 결과, 학교 및 보육시설의 폐쇄로 인해 발생한 돌봄 공백 문제는 팬데믹 상황의 보육자들에게 가장 큰 스트레스가 되고 있음
- 비대면 교육으로의 전환으로 인해 노트북, 와이파이 등 디지털기기에 대한 사회적

소외계층의 미디어 격차가 발생하면서 교육의 양극화 현상 초래

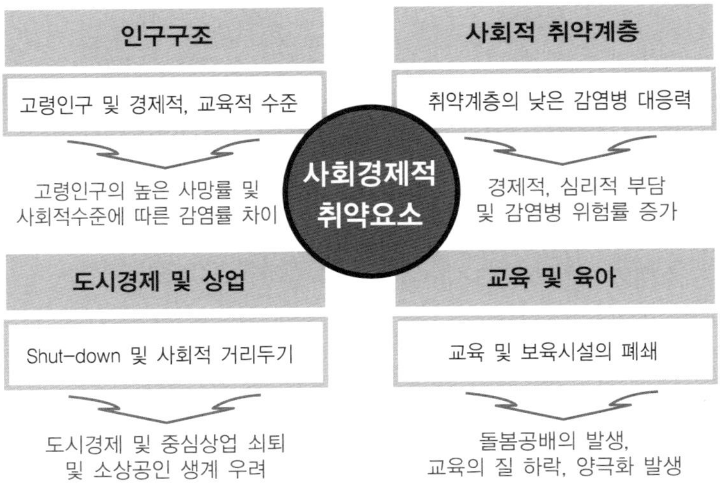

<그림 1-13> 사회경제적 취약요소

▶ 도시 내 환경적 취약요소

- 대기오염은 호흡기질환인 Covid-19의 감염자에게 치명적으로 작용해, 사망률 증가로 이어짐
- 대기 중 오존과 미세먼지(PM 2.5)의 증가로 인해 에어로졸을 통한 감염병 확산이 우려됨
- 환기 시스템 부재로 공기가 정체될 경우, 공기 중 오염물질이 증가하며, 이는 바이러스의 매개체로 작용하여 감염병 확산 위험도를 증가시킴
- 통풍이 이루어지지 않는 밀폐된 공간에서 바이러스의 에어로졸화가 진행되며 이는 공기를 통한 장기간 전파를 유발
- Covid-19의 감염은 구강의 점막을 통해 진행되므로, 수자원의 미비한 관리는 감염병의 확산으로 이어질 수 있음

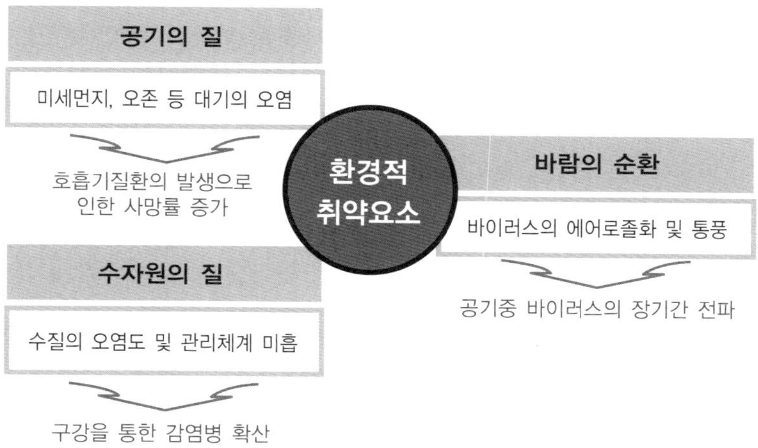

<그림 1-14> 환경적 취약요소

나. 도시공간구조에 미치는 영향 및 문제점

▶ Covid-19에 영향받은 도시공간구조 요소 분류

- 기존 도시의 물리적 · 사회경제적 · 환경적 취약요소에 대한 대응이 미비할 경우 도시공간구조에서의 문제점 및 피해가 발생
- 발생하는 문제점들에 대응하기 위해 개인적 · 집단적 행태변화 및 도시공간 이용양상의 전환이 필요함
- 앞서 도출한 11가지의 취약요소로 인한 영향 및 문제점이 나타난 공간구조 요소를 분류한 후, 도시공간구조 요소별 영향 및 문제점 분석
- Covid-19의 영향을 받은 도시공간구조 요소는 〈그림 1-16〉처럼 밀도 및 토지이용, 대중교통 및 공공서비스, 기초생활 인프라, 스마트 인프라의 4가지로 분류 가능

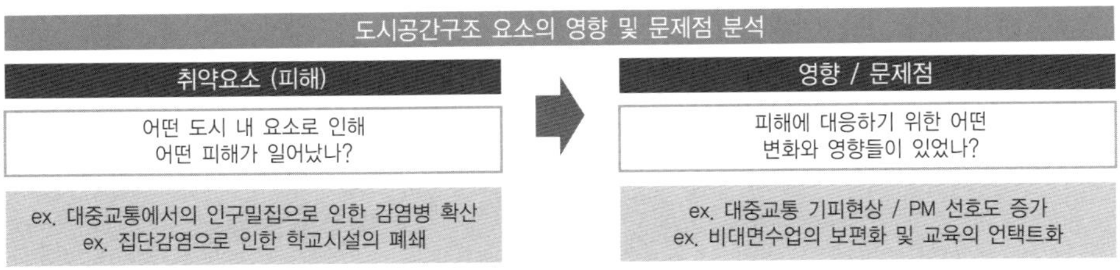

<그림 1-15> 도시공간구조 요소의 영향 및 문제점 분석 과정

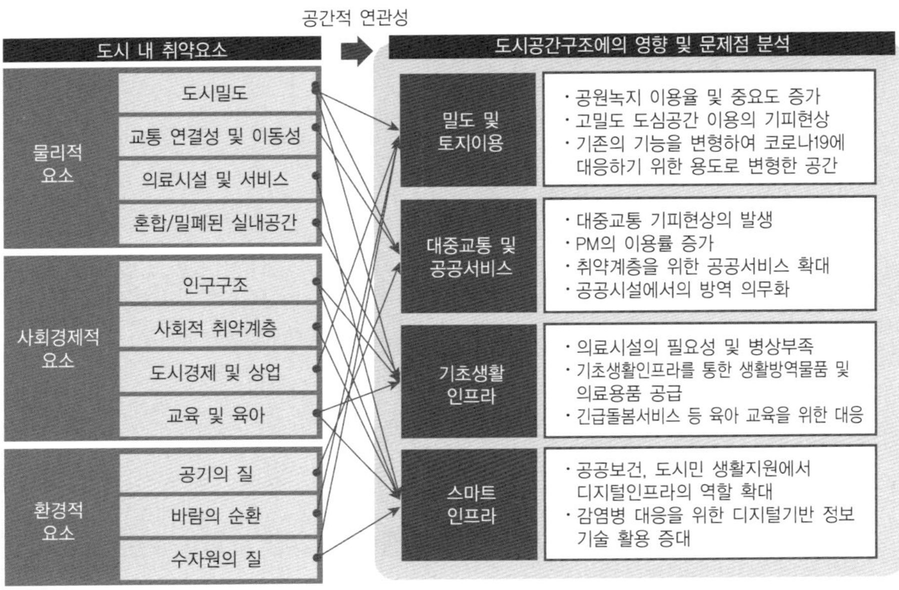

<그림 1-16> Covid-19에 영향받은 4가지 도시공간구조 분류과정

▶ 밀도 및 토지이용

- 감염병의 확산 및 사회적 거리두기가 지속됨에 따라 공원과 녹지공간 이용이 증대되면서 공원녹지에 대한 사회적 중요도가 점점 커지고 있음
- 인구 밀집으로 인한 감염병 확산 우려로 고밀도 도심 공간의 방문 및 이용률 감소
- 감염병 대응에 맞추어 기존 토지이용을 유연하게 변형할 필요가 있음
- 언택트 변화상의 지속 및 장거리 교통 이동이 기피되면서 지역생활권에서의 도시서비스 이용이 증대되고 있음
- 사회적 거리두기가 강조되면서 인구의 밀집이 일어나는 다중 및 대형시설 이용에 대한 기피가 나타남

<그림 1-17> 언택트 공원

(© NYTimes)

<그림 1-18> 명동거리

(© 홍성신문)

▶ **대중교통 및 공공서비스**

- 폐쇄된 공간에서 밀집된 형태로 이용되는 버스, 지하철, 택시 등 대중교통수단의 이용에 대한 대중교통 기피 현상이 발생하며 개인 단위로 이용 가능한 따릉이, 전동킥보드와 같은 PM 이용률 증가(박선희, 2020)
- 온라인 쇼핑 등 비대면 소비의 지속으로 인해 택배 배달 수요 증가에 따른 물류 운송의 증가(LH, 2020)
- 대중교통 및 공공시설에서의 방역의 의무화와 저소득층, 독거노인 등 감염병에 취약한 계층에 대한 공공서비스의 역할 확대
- 공공시설에서의 사회적 거리두기 확보를 위한 기법들이 적용됨

<그림 1-19> Personal Mobility

(© Google)

<그림 1-20> 대중교통 방역체계

(© 조선일보)

<그림 1-21> 취약계층을 위한 공공지원

(© 한경닷컴)

▶ 기초생활 인프라

- 감염병 확산이 심각 단계(2.5단계)로 격상되면서 의료시설에서 병상 부족 및 인력 부족과 같은 의료체계의 문제점 발생
- 약국과 같은 기초생활 인프라를 통해 생활 방역에 필요한 물품 및 의료용품의 지역적 지원 및 공급이 필요함
- 학교시설의 외부공간을 활용하여 교내의 밀도를 분산하고 감염병 확산에 대응 가능한 야외교실을 조성
- 육아 문제를 해결하기 위한 긴급돌봄서비스 등 감염병 대응을 위한 공공차원의 지원체계가 구축되고 이용률이 증가함

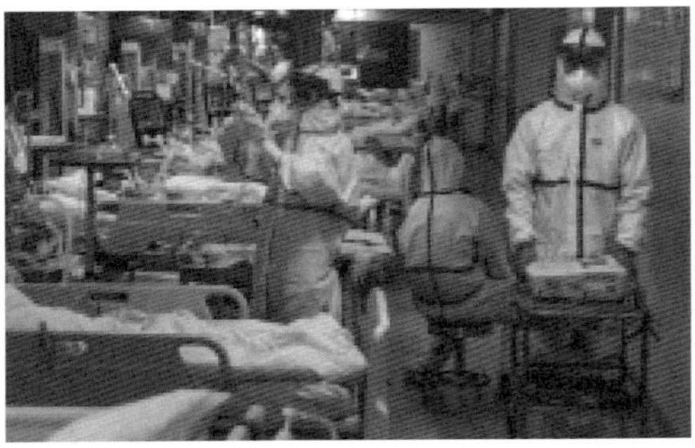

<그림 1-22> Covid-19 대응 의료시설

(© 비즈조선)

<그림 1-23> 긴급돌봄센터

(© 광영군청)

▶ 스마트 인프라

- 재택근무, 온라인강의, 온라인 쇼핑 등 사회적 거리두기를 위해 교육, 업무 등의 디지털화 발생(국토연구원, 2020)
- 공공보건정책, 도시민의 일상생활 지원 등의 분야에 스마트 인프라 역할 확대
- 실내공간에서의 열화상 카메라, 출입자 확인 등 감염병의 확산을 방지하기 위한 디지털 설비의 사용이 보편화
- 감염병 관련 정보를 얻기 위한 감염자 동선 DB, 기초 방역 및 역학조사 등 디지털 기반의 정보기술이 발달하고 있음

<그림 1-24> 사회적거리두기로 인한 재택업무

(© Google)

<그림 1-25> 감염병 확산방지를 위한 디지털인프라 보편화

(© cctwnews)

▶ 도시공간구조 변화상 정리

- 감염병으로 인한 도시문제를 해결하고, 미래 감염병 사태에 대비할 수 있는 도시공간구조로의 개편을 위한 새로운 패러다임 전환 필요
- Covid–19로 인해 발생한 도시공간구조에서의 문제점들과 이로 인한 영향 분석을 통해 포스트 코로나 시대의 도시가 갖추어야 할 도시적 변화상 예측
- 언택트와 같은 사회적 뉴노멀 양상을 수용하는 동시에 감염병으로 인해 발생하는 문제점에 대응할 수 있는 도시공간을 조성하는 것이 도시적 변화상 핵심
- Covid–19로 인해 나타나게 될 도시공간구조의 변화상을 예측해보면 〈표 1–8〉과 같음

<표 1-8> Covid-19로 인한 도시공간구조 변화상 예측

부문	도시공간구조 변화상 예측
밀도 및 토지이용	유사시 기존 도시공간을 활용해 감염병에 대응 가능한 유연한 토지이용계획 확립
	토지이용 밀도 낮춰 인구의 밀집을 막고, 감염병 확산에 대응하는 중 · 저밀도 공간구조 지향
	공원녹지의 확충 및 접근성 개선 통해 신체활동 증진 및 대기오염 등과 같은 환경적 문제에 대응
	보행 접근 가능한 생활권 내에서 도시적 기능이 공급되고, 위생적인 환경 유지가 가능한 소규모 공유공간 조성
대중교통 및 공공서비스	밀폐된 공간에서의 인구집중 및 시설의 다중 이용을 방지할 수 있는 감염병 안심 교통서비스 필요
	대중교통과 더불어 1인 이용중심의 PM등의 용이한 이용이 가능한 교통체계 조성
	불특정 다수가 공유하는 교통시설 및 공공시설 내 방역 및 위생체계 강화를 통해 감염병의 확산을 방지할 수 있는 인프라 조성
	감염병 취약계층에 대한 공공지원의 확대 및 개선 방안 마련

기초생활 인프라	생활권 내 건강증진시설, 공공편익시설, 식료품점, 개인사무공간 등을 확충하여 언택트 변화상을 생활권 내에서 실현 가능한 기초생활 인프라 계획 필요
	감염병의 확산에 대응할 수 있는 ICU(intense care unit), 음압시설, 격리시설 등을 갖춘 의료시설의 확충 및 취약계층에 대한 의료접근성 향상
	지역사회 내 기초생활 인프라를 통한 감염병 확산에 따른 정서적 불안감 해소 및 감염병에 의한 2차 피해를 방지하기 위한 도시공간 및 방안 마련
	언택트 교육 시행, 교류 단절을 방지할 수 있는 학습 공간의 건축적 적응 및 변화
스마트 인프라	감염병으로 발생한 언택트 사회 변화상을 수용하기 위한 스마트 인프라의 역할 강화 및 이를 위한 스마트 도시공간 조성
	디지털 설비를 통해 감염병의 추적 및 도시공간 내에서의 감염병 차단을 할 수 있는 기술적, 도시적, 환경적 여건 마련
	상업, 업무, 의료 등 다양한 도시적 기능이 비대면화 되면서 온라인을 통한 기존 도시기능의 부분적 대체가 일어날 것임
	비대면 교육의 미디어 격차를 해소하고 주택과 교육시설에서 모두 원활한 온라인 학습이 가능한 생활권 및 교육공간 마련

03 감염병 관련 주요 쟁점

가. 과정

▶ **포스트코로나 시대의 주요 키워드를 도출하기 위해 ① 도시 내 취약요소 파악 및 ② 도시공간구조에 미치는 영향 및 문제점 분석**

- 도시공간에 잠재된 취약요소들로 인한 다양한 감염병 관련 피해양상 및 도시공간구조에 미치는 영향 및 문제점 파악
- 도시 내 취약요소는 물리적, 사회경제적, 환경적 요소로 분류
- 또한, 감염병 확산이 도시에 끼친 영향 및 문제점을 공간의 이용행태 및 생활양식 변화에 기반하여 분석

▶ **③ 도시공간구조 변화상 예측**

- 도시 내 취약요소를 해결하고 도시공간구조에 미치는 영향을 반영함
- 밀도 및 토지이용, 대중교통 및 공공서비스, 기초생활 인프라, 스마트 인프라 4개로 분류하여 변화상을 예측

▶ ④ 주요 쟁점사항 도출

– 각 도시공간구조 변화를 통해 달성하고자 하는 중심 지향점을 키워드로 도출

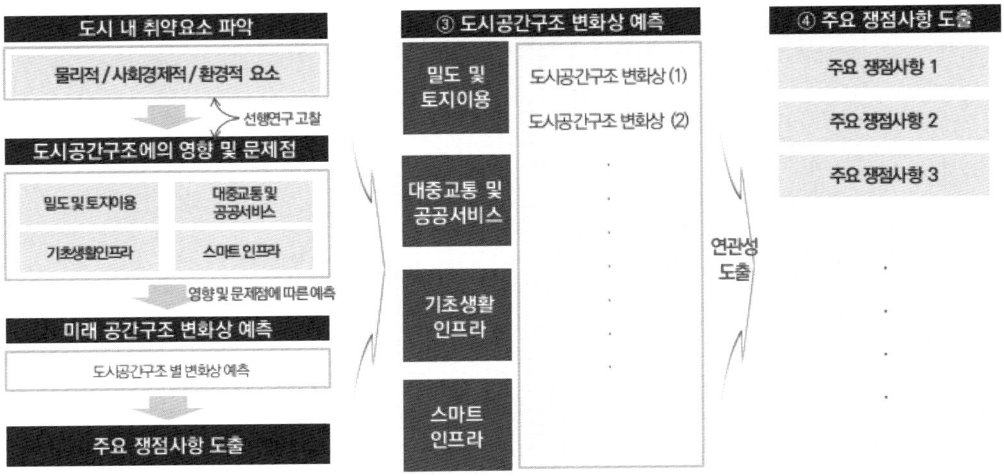

<그림 1-26> 주요 쟁점사항 도출과정

나. 도출

▶ **포스트코로나 시대의 도시공간구조 변화상 예측을 통한 주요 쟁점사항 도출은 아래 그림과 같이 정리됨**

▶ **'분산화', '자족성', '스마트', '건강/보건', '가변성'의 5가지 쟁점사항 도출**

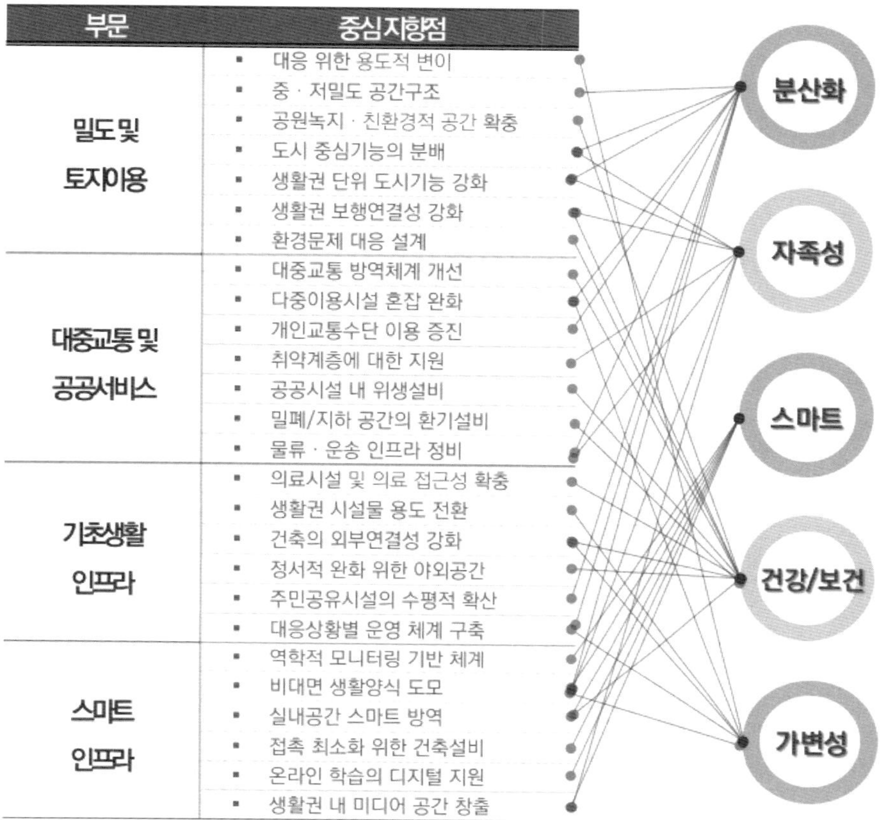

<그림 1-27> 주요 쟁점사항 도출

다. 주요쟁점

▶ 분산화

- 20세기 후반부터 비대면 · 온라인 중심으로 생활양식이 변화하고 탈집중화가 가속화되어 도시가 분산될 것이라는 주장이 대두되었음(Berry, 1973; Toffler, 1981; Hwaley 1986)
- 인구 밀집 및 도심 과밀 현상에 대응하는 분산화 전략으로 감염병 확산 방지
- 중심상업 · 업무 등 도시의 중심기능을 생활권 단위의 지역으로 분배하여 '언택트'가 반영된 생활권 형성 도모
- 도시적 관점뿐만 아니라 건축 공간 내에서도 인구 밀집 현상과 동선의 혼잡을 분산할 수 있는 도시설계 및 건축적 계획을 포함함

▶ 자족성

- 자연재해, 기후변화, 감염병 등 글로벌 위기 상황 시 지역사회의 역할이 중요해지고 있음(서울연구원, 2020)
- 생활권 내에서 필요한 도시기능을 공급받을 수 있는 자족 가능한 생활권 조성 필요
- 도시 내 장거리 이동을 최소화하고 보행권 내에서 업무, 여가, 문화, 복지시설 등에 접근이 가능한 생활권 조성

▶ 스마트

- Covid-19 이후 경제 및 산업부문은 물론 일상생활의 디지털 전환과 감염병 확산 방지를 위한 기기 · 설비 사용의 보편화(서울연구원, 2020)
- 업무, 교육, 모임, 종교활동 등의 일상생활에서 비대면 · 비접촉(언택트) 방식을 사용하도록 인터넷, 미디어, 컴퓨터 등 스마트 기술개발 및 온라인 접근성 향상

▶ 건강/보건

- Covid-19의 여파로 인해 공공의료시설로의 접근성, 환기가 잘되는 도시공간구조, 개인위생의 중요성 등 도시민의 건강과 보건에 대한 관심이 증가함(LH, 2020)
- 생활권 내 의료시설의 접근성을 높이고 다중밀집시설에 위생방역이 가능한 설비시설이 갖춰진 도시 공간 필요

▶ 가변성

- 감염병 유행으로 인해 도시 차원의 가변적이고 유연한 공간계획의 필요성 증대(김은희, 2020)
- 의료시설이 부족한 상태에서 숙박시설을 생활치료센터로 전환한 것과 같이 유연하고 가변적인 공간 형성을 통한 공공서비스 제공 고려

▶ 포스트코로나 시대의 도시조성을 위해 분산화, 자족성, 스마트, 건강/보건, 가변성의 5가지 주요 쟁점사항을 실현해야 함

▶ 각각의 주요 쟁점사항을 통한 포스트코로나 시대 도시조성 목표는 다음과 같음

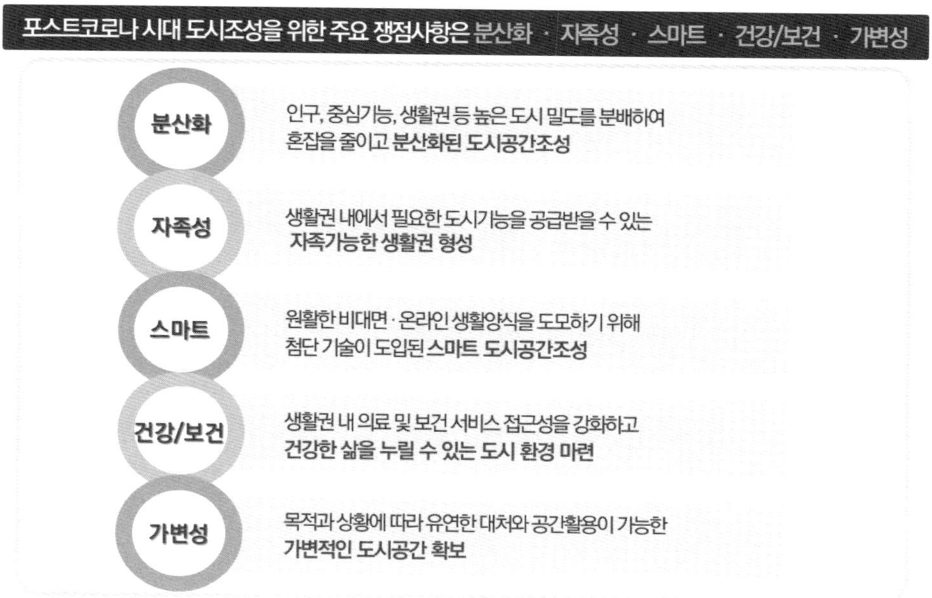

<그림 1-28> 주요 쟁점사항을 통한 포스트코로나 시대 도시조성 목표

2장

회복도시[Restorative City]란?

1. 팬데믹과 도시환경
2. 감염병 관련 과거와 미래
3. 회복도시(Restorative City) 개념
4. 회복도시와 도시설계

01 팬데믹과 도시환경

- Covid-19로 인해 전 세계 수백만 명이 신체적 질병으로 영향을 받고 있으며, 불확실성, 불안 그리고 사랑하는 사람의 죽음, 생계 및 안전의 손실, 삶의 계획수립 불안전성, 전 세계와 무제약적으로 교류 중단과 같이 다양한 영향이 나타나고 있음
- 사람으로 늘 북적이며 살던 도시와 관련하여 그동안 어떠한 변화도 지금과 같이 깜짝 놀라게 한 일은 없을 것이고, 전 세계에 걸쳐 팬데믹은 도시 내 통행과 관련하여 일상적인 리듬을 정지시키거나 줄게 하였음. 그러한 변화는 사람들이 도시를 사용하는 방법을 변화시켰고 팬데믹 전에는 도시가 좁다고 느끼면서 일터와 휴식공간을 향해 오가던 수많은 사람들이 갑자기 집과 마을에 갇히게 됨
- Covid-19 팬더믹 기간 동안 사람들과 지역사회를 보호하기 위해 많은 정책이 제안되었으며, 이 중 특히, '사회적 거리두기는 사람 간에 어떻게 교류하고 더불어 살아야 하는가?' 라는 문제에 근본적인 의문을 가지게 했으며, 팬데믹으로 인한 영향은 신체건강 및 정신건강에 대한 도시설계의 주요 원칙과 직접적으로 관계가 있음
- 팬데믹 시기에 사용된 도시정책, 계획 그리고 설계 방법들의 주요 목적은 Covid-19에 의한 전염을 줄이는 것으로 공공영역에 대한 변화는 바이러스로부터 보호를 제공하였지만, 이에 따라 발생된 부작용은 우리 정신건강에 심각한 영향을 미침
- 상업시설, 직장, 오락시설, 문화시설, 스포츠 시설, 교육시설들이 문을 닫거나 출입이

제한되고, 사람들 간의 신체적 접촉을 제한하는 정책 등으로 인해, 정신건강을 보호하기 위한 사회적 만남, 놀이 및 스포츠와 같은 다양한 활동에 참여하는 기회가 대폭 축소됨

- 안전한 걷기가 가능하도록 사회적 거리두기를 위해 만들어진 바닥표식 및 보행로 차단 같은 수단들은 우리가 그동안 함께 했던 지역 및 마을들과 관계를 어떻게 재설정해야 하는가 등 많은 변화를 주고 있음
- 마스크를 써서 마치 복면을 쓴 것 같은 사람들이 서로서로 멀리 거리를 두거나 빠르게 걸어서 사라지는 것처럼, 공공장소에서의 생동감은 사라져가고 길거리에서 안전한 공간을 차지하려고 서로 싸우는 것과 같은 새로운 긴장감을 불러 일으키고 있음

02 감염병 관련 과거와 미래

가. 감염병 관련 과거 유토피아적 도시

- Covid-19와 같은 감염병으로 인한 도시민들의 삶의 질 저하는 21세기만의 문제는 아니었고, 역사를 돌이켜보면, 미래지향적인 건축가나 도시계획가들도 그 당시 정주성과 관련된 도시문제를 해결하기 위하여 유토피아적 마스터플랜을 제시
- 이러한 비전 가운데서 현실화한 것은 그리 많지는 않으나, 1900년대 에버네저 하워드(Ebenezer Howard)는 과밀과 세균으로 인한 감염이 일반화된 슬럼지역을 가지고 있던 런던이란 대도시가 가진 도시 문제를 해결하기 위해 전원도시(Garden City)라는 새로운 도시모델을 제안
- 그의 비전에 고무되어 런던의 외곽지대에 웰인 전원도시(Welwyin Garden City)를 포함하여 다수의 전원도시들이 생겨나기 시작하였지만, 초기의 전원도시는 장소성 또는 영혼이 없는 교외지역 그리고 문화가 없는 사막지역이라는 비난을 받기도 하였음
- 1920년대에 들어서 스위스 출신 건축가 르 꼬르부지에(Le Corbusier)가 풍부하고 넓은 녹지공간에 타워형 건물들이 들어서고 유리창 건물들을 스카이 브릿지를 통해 연결하는 빛나는 도시(Radiant City)라는 새로운 청사진을 제시하였음
- 수 세기 동안 제시된 이러한 도시비전은 2차세계대전 이후 영국과 미국의 고층형 공공건물에

영향을 주었을 뿐만 아니라 지금에 와서는 중국, 홍콩 및 싱가폴 등에서 벌어지는 대규모 민간개발 사업에 이러한 모더니스트들의 비전이 반영되고 있으며 수직적 도시(Vertical City)라는 개념의 기반이 됨

- 이렇게 다양하게 나타나고 있는 새로운 도시모델들이 인간이 필요로 하는 사회적-경제적 도시조직을 유지해줄 수 있을까에 대해서 일부는 회의적인 견해를 가지고 있기도 하며, 특히 덴마크의 건축가이자 도시설계가인 얀겔(Jan Gehl)은 "미래도시는 어떠해야 하는가에 대해서는 큰 혼란이 있다. 매번 건축가나 미래주의자들은 그림을 그리려 노력을 하였으나 결국은 사람들이 결코 가고 싶지 않은 그 무엇인가를 만드는 것에 불과할 뿐이었다"고 말함

나. 감염병 이후의 미래도시

- 현대도시와 같은 복잡한 시스템에서 안전하고 건강한 주택 공급, 공기질의 저하와 같은 환경적 스트레스 요인들에 대한 노출 감소, 우울증 비율을 줄이는 데 효과적인 녹지공간에서의 운동 증가 등은 도시민의 건강과 건조환경의 관계를 보여주는 일부 사례임
- 도시민의 신체적/정신적 건강이 중요한 쟁점으로 대두되는 이유는 팬데믹과 같은 상황에서 신체적 건강도 중요하지만 이로 인한 정신적 건강이 문제가 되고 있기 때문이며, 건조환경은 도시민의 건강이라는 문제를 재설정하는데 있어서 매우 중요
- 그동안 도시설계가 어떻게 신체적/정신적 건강을 유지할 수 있도록 도움을 주었는지는 많은 과학적 증거들이 그 결과를 보여주고 있으며, 도시 간 연결성 증진시키기, 도시공간에서 쉽고 용이하게 길찾게하기, 예술적이면서도 고품질의 공간을 가진 도시형태만들기, 시민들의 일상활동을 유지시키는 다기능 도시 조성하기, 도시중심으로 자연채광이 들어오게 하기 등이 효과적인 도시설계방안 사례임
- Covid-19은 불확실성, 불안감 및 상실감을 발생시켰지만 한편으로는 통찰력, 영감, 동기를 부여해 주기도 했는데, 팬데믹은 도시설계가, 도시계획가, 공공보건 전문가들 그리고 여느 때와는 다르게 이러한 팬데믹속에서 살아야 하는 사람들에게도 전환 시기가 도래했음을 알게 하였음
- 당연한 것으로 여겼던 기반시설과 일상으로부터 잠시 떨어져 있던 많은 사람들은 우리의

가장 소중한 가치는 무엇인지? 우리가 놓치고 있는 것은 무엇인지? Covid-19 이전에 우리에게 저평가하고 있던 것은 무엇인지를 곰곰이 생각해볼 수 있는 기회를 가지게 했음

- 일부 비관론자(반대론자)는 도시의 죽음을 이야기하면서 교외지역으로 눈을 돌리고 있으나, 많은 사람들이 이러한 위험 속에도 진화해나가는 미래의 도시에 관심을 두고 있음
- 불량주택, 정주환경이 나쁜 마을, 범죄 및 소음과 같은 사례들은 사회 스트레스를 양산할 뿐만 아니라 정신건강 문제를 촉발하는 위협요인으로 신체적/정신적 건강과 도시조직의 품질 간의 관계를 나타내주는 사례로 잘 알려져 있음
- 향후 미래도시는 과거처럼 지나치게 급진적이거나 미래지향적인 비전만을 담을 필요는 없을 것이며, 오히려 도시민들의 신체적 건강, 정신적 건강, 웰빙 및 삶의 질을 우선가치로 하는 도시를 만들어야 할 것임

03 회복도시(Restorative City) 개념

- Covid-19 이전에는 다양한 다른 요소들이 있음에도 불구하고 도시가 가진 풍요로움과 편리성으로 인해 도심에 새로운 인구가 지속적으로 유입되었으며, 이들을 위해 도심지에 마련된 매력적인 시설들에 대한 접근성을 높여주기 위해 대중교통시설을 확충하는 전통적인 도시설계 방법을 사용하였음
- 그러나 Covid-19로 인한 팬데믹으로 인해 사람들은 재택근무와 도시 내 핫스팟에 안전하게 사회적 거리를 유지하면서도 모여야 한다는 양면성에 직면하게 되고, Covid-19는 신체적/정신적 건강과 웰빙을 향상시키는 지역의 공동체 공간과 매력적인 도시기반시설들에 더 많은 투자를 유도하면서 사람들은 집에서부터 보행권에 있는 지역생활권에서 필요한 활동들을 해결하려 하고 있으며, 이로 인해 15분 거리 또는 20분 거리라는 야심찬 도시설계 패러다임이 가속화될 수 있는 촉진 역할을 하고 있음
- 도시는 종종 비빔밥으로 비유되고 있지만, 팬데믹은 각각의 음식재료들이 필요에 따라서는 분리되어야 한다는 것을 보여주고 있으며 Covid-19는 사람들이 도시에서 살아가는데 있어 기존과는 전혀 다른 방법으로 그리고 과거와는 완전히 다르게 필요한 것들이 존재한다는 것을 인식하게 만듦
- 특히, Covid-19로 인한 피해는 이전까지 우리가 살았던 도시 내 불평등한 환경에서

발생되고 있는데, 특히 빈곤계층, 정원없는 고밀도화된 주택 내 거주자, 직업상 어쩔수 없는 대면 근로자, 쉽게 접근할 수 있고 정기적인 대중교통을 더 많이 필요로 하는 사람들은 바이러스가 창궐할 수 있는 위협요소에 더 많이 노출되어있음

- 핸드폰과 같은 첨단기기에서 소외된 사람들은 정부에서 보내주는 안전 문자도 받지를 못하는 경우가 생기고, 특히 외로움이라는 위험에 노출된 노인들 그리고 집에 머물 수밖에 없고 특별한 돌봄을 받아야만 하는 기저질환이 있는 사람들이 주요한 피해 대상이 되고 있음
- 아동들과 관련해서는 그들의 사회적 관계 그리고 놀이에 대한 욕구가 충족되지 않는 것으로 밝혀지고 있으며, 청각장애자들은 마스크로 인해서 의사소통장애를 경험하고 시각장애인들은 사회적 거리두기로 인해 활동하는데 장애를 느끼고 있다고 함
- Covid-19로 인한 정책들로 인해 다른 것과 비교해 볼 때 특정 문화, 민족, 종교 그리고 다른 집단들에게 예상치 못한 영향을 주고 있는 것이 사실인데, 많은 나라에서 벌어지고 있는 동시다발적인 흑인인권운동(Black Lives Matter)은 예외로 하더라도, Covid-19 팬데믹은 우리도시의 취약성을 보여주고 있으며 지금의 도시계획과 도시설계가 도시에 살고있는 특정계층에게는 부합하지 않고 이로 인해서 도시민들의 건강에 영향을 주고 있다는 것을 이해하기 시작했음
- 팬데믹이 가진 고유한 맥락은 커뮤니티가 좀 더 다양하고 포용적 자발적이고 공정한 협력, 공간의 균등한 활동, 단기간의 팝업창처럼 이전에는 정치적으로 불가능했던 아이디어를 테스트하는 데 참여하도록 하는 기폭제가 되고 있음
- 2000년대 이후 의료계에서는 병을 일으키는 요인보다 건강을 지켜주는 요인에 초점을 맞추는 접근법을 이야기하고 있으며, 이러한 노력은 2014 도시계획분야 및 건강분야와의 협업을 통해 나타났으며, 최근에 와서는 Restorative City(회복도시)라는 〈그림 2-1〉과 같은 개념이 제안되고 있음
- 회복도시란 모든 사람이 가능한 한 공정하고 정의로운 기회 속에서 건강할 수 있도록 하는 개념을 바탕으로 도시의 공공공간과 물리적 환경이 건강 형평성을 발전시키는 도구로 사용되는 도시를 의미함
- 이러한 도시는 장소와 건강 간의 관계에 우선을 두고 전통적인 장애물들을 극복하면서, 도시설계가 사람들의 신체적/정신적 건강과 웰빙을 유지시키고 증진시키는 회복도시를 만들어갈 놀라운 잠재력을 가지고 있는 것으로 나타남

<그림 2-1> 회복도시(Restorative City) 개념(J. Roe and L. McCay, 2021)

04 회복도시와 도시설계

- 팬데믹으로 인해 발생하는 다양한 변화와 관련하여 관심을 가져야 할 것들의 일부는 폭발적으로 증가하는 도시인구의 신체적/정신적 건강과 관련한 도전과 심리적 웰빙을 유지해주는 도시기반시설에 대한 점증적 필요성으로 이러한 방향은 도시설계분야가 향후 도시가 맞닥뜨리게 될 도시문제를 해결하면서 미래도시를 어떻게 설계할 것인가를 포함하고 있음
- Covid-19에 따른 다양한 제약상황 기간 동안 발생된 경계 공간 안에서, 집과 커뮤니티의 중요성이 점점 높아졌고, 사람들의 일상 행위가 일어나는 환경이 우리 건강에 어떤 영향을 주는지 그리고 우리가 어떻게 느끼고 있는지 서서히 알게 하고 있음
- 이러한 상황에서 도시민의 건강을 동시에 보호하면서 도시계획가와 도시설계가에게 다가오고 있는 도전은: 이처럼 어려운 시국에 사람들이 바이러스에 노출되는 위험성은 높지 않으면서 신체적/정신적 건강을 보호하거나 회복하는 데 필요로 하는 도시환경과 활동에 어떻게 안전하게 접근할 수 있는가? 사람들은 떨어져 있어야 하는가?
- 정치인, 계획가, 설계가 그리고 마을활동가들은 Covid-19 관련 대책은 사람들을 계속해서 거리를 두게 하리라는 것을 알고 있으나, 우리들이 일상으로 돌아간다면 다음과 같은 것에 대한 접근성은 여전히 필요로 할 것임
  - 녹색공간과 수변공간을 더욱 향유할 것임

- 일상적이고 의미 있는 사회적 연결을 즐길 것임
- 걷거나 자전거를 타거나 안전하게 놀 수 있을 것임
- 우리가 지지하고 존중하고 고려하는 다양한 개성, 특징 그리고 필요성을 가지고 도시적 삶에 동화되었다는 소속감을 느끼며 살 것임

- 팬데믹이 창궐할수록, 중요한 것은 대부분 일시적이지만 긍정적인 변화를 만들어가는 것이고 도시민들의 건강을 지속화시켜야 하며, 도시를 설계하면서 어떻게 신체적/정신적 건강과 웰빙을 지원하거나 증진시켜야 하는가를 뒷받침하는 연구는 수년 동안 존재했고, 빠른 속도로 성장하고 있음
- 그러나 정책화하고 실행에 옮기고자 하는 이해는 파편화되었고, 올바르지 않은 인식, 오명, 빈약한 재정 그리고 영향력 있는 사람들의 낮은 관심으로 인해 손상되고 있음
- 현재의 Covid-19로 인한 제약사항들로 인해 나타난 괄목할 만한 결과로는 우리의 신체적/정신적 건강과 웰빙의 원천인 자연이 주는 긍정적인 효과를 접하기 위하여 공원과 수변과 같은 지역 내 멋진 장소들의 중요성을 사람들이 이제야 매우 중요하게 인식하기 시작했다는 것임
- 이러한 공간에 대한 폭발적인 수요는 우리가 얼마나 자연에 기반한 장소들의 가치를 질적인 측면에서 얼마큼 가치를 부여할 것인지에 대한 방정식에 주목하게 됨
- 몇몇 공원과 놀이터에 대한 사람들의 이용강도가 너무 커서 정부에서는 과밀되는 것을 막기 위해 시설을 강제로 이용하지 못하게 하기도 하지만, 반면에 예를 들어 정원과 같은 녹색공간에 대한 개별적 접근 특권은 불평등을 상징하는 것이 되었고 이에 대한 반작용으로 사회정의적 측면에서 공공공원 역할이 점점 그 중요성이 높아지고 있음
- 이러한 수요와 관련하여 좀 더 형평적인 대응은 기존 공원에 대한 이용을 막는 것이 아니라, 도시 내 가로 및 다른 공공공간에서 새롭고 확장 가능한 공원과 같은 시설들을 확장하는 장소만들기 전략 등을 실행하는 것이 바람직
- 장기적 관점에서 Covid-19 팬데믹 기간동안에 나타난 몇몇 제안은 집안에 좀 더 많은 발코니와 정원 조성, 도시 내 공원, 가든 또는 다른 녹색공간에 대한 좀 더 폭넓은 접근성 향상, 도시지역에서는 고품질의 공공공간에 대한 공평한 접근성 등의 나타남
- 또 다른 결과로는 많은 지자체에서 요구하고 있는 사회적/물리적 거리두기를 실천하기 위하여 기반시설을 놀랄 정도로 급속하게 많이 설치하고 있는데, 수년 동안 도시학자들은

도시에 있는 수많은 잠재적 공간들이 가로를 활성화시키는 보행자와 자전거 이용자 대신에 자동차 공간으로 전용화되는 것에 대하여 애통해 왔고 이를 해결하기 위해 차도의 일부를 자동차가 없는 공간으로 변화시키려는 일부 노력들이 많은 도시에서 거센 저항에 부딪히고 있었음

- 외부공간에 매력적인 장소를 만들려는 기반시설들이 지속적으로 개발되면서, 전통적인 도시계획적 접근방법에서 그동안 방치되었던 부분들에 대한 관심이 급증하고 있고 대다수의 도시들은 의도적으로 사람들이 모일 수 있도록 하는 도심과 부도심이라는 것을 계획하였고 때때로 도시의 이미지를 나타내는 엽서에 생기가 넘치는 고밀도 장소들이 등장하곤 하였음
- 도시와 도시에 거주하는 도시민들을 대표하는 특징을 매력적으로 만들거나 표상해주는 매우 인상적인 도시풍경, 경이로움과 에너지 그리고 도시로 끌려갈 수 밖에 없는 구심력을 만들어 내고, 많은 사람들에게 영향을 줄 수밖에 없는 투자와 그로 인해 발생되는 희생을 정당화하였음
- 교통신호와 대중교통의 정류소가 밀집되어 있는 도시환경에서도 보행자와 자전거 이용자는 급격히 증가하고 있으며, 도시계획가와 도시설계가는 수많은 장소에서 활동하는 사람들이 공공영역에서 안전한 거리를 유지하면서 이동해야만 한다는 수수께끼같은 문제를 풀어야 한다는 사실에 직면하고 있으며, 결국 사람들은 1.5m라는 보행폭만을 가진 보행로에서 천천히 걷는 보행자를 앞지르면서 강제되고 있는 2m 거리두기를 달성한다는 것은 불가능함을 인식
- Covid-19는 개인 사이의 거리를 유지하는 것이 가장 효과적인 방법이라며 원칙을 만들어 냈고 보행과 외부공간에서의 휴식을 위해 좀 더 사람중심의 가로를 만들려는 노력에 방해가 되었던 세월들이 전 세계의 모든 도시에서 일순간에 사라지게 되는 계기가 되면서, 단기간에 도시학자들이 주장했던 전략들이 불과 몇 주 만에 전 세계의 많은 도시에서 보행로를 확장하거나, 새로운 자전거도로를 설치하거나, 보행 중심과 정온화된 도로를 만들기 시작하면서 작동하기 시작
- 이러한 전략의 일부는 파리부터 뉴욕까지 영속적인 변화를 이끌었고, 도시에 필요로 하는 변화를 이루는 것이 불가능한 사실이 아니라는 것을 증명해 보여주었으며 의지만 있으면 그곳엔 방법이 있다는 교훈을 주고 있음
- 이러한 주장은 갑자기 증명되었는데, 그 이유는 Covid-19의 영향을 경험하고 있는 곳에

회복도시(Restorative City)는 도시가 가진 자산의 대부분에 대한 유연성에 달려있다라는 사실을 인식하게 만들었고, 대부분의 교육시설, 고용시설, 운동시설, 문화시설 및 오락시설들은 전통적으로 환기가 열악한 실내공간에 위치하고 있는데, 도시는 도시 내 가로와 외부에 있는 공적공간 및 준 공적공간 그리고 준 사적공간들에 있는 짜투리 공간이라도 최대한 창의적으로 활용할 수 있는 방안을 만들도록 요청받고 있음

- 온종일 공간을 공유하거나 다양한 용도로 사용할 수 있도록 이동성과 유연성을 가진 건축자재 그리고 일시적인 냉난방, 그늘 및 안식처를 마련해줄 수 있는 전천후 시설에 대한 투자는 필수 불가결한 전략적 투자가 되었음
- 팬데믹 상황은 영구적인 기반시설을 변경해 조성하려는 투자를 결정하기 전에 건강과 웰빙을 증진시키기 위한 일시적인 공간적 아이디어를 테스트하는 수단으로 사용되는 택티컬 어버니즘(Tactical Urbanism)이 진일보할 수 있도록 하는데 기폭제가 되고 있음
- 공동체들이 택티컬 어버니즘 활동가와 협력 디자인에 참여시키는 것은 자율권과 사회자본을 증진시키고 가로를 보행과 자전거를 위해, 놀이터로, 예술공간으로, 공연공간으로, 식사공간으로, 사교공간으로 심지어 야외수업공간으로, 야외업무공간으로 그리고 야외수영을 위한 새로운 공간으로 새롭게 디자인 할 수 있을 것으로 기대됨
- Covid-19 팬데믹으로 인한 경험은 도시환경 안에서 사람들에게 중요한 것이 무엇인지를 일깨워 주는 데 도움이 되고 있으며 향후 회복도시(Restorative City)와 도시설계는 괄목할만한 발전을 거듭할 것으로 예상됨

3장

감염병 극복을 위한 신도시 설계방향

01 계획의 범위 및 목표

▶ 계획의 범위

- 일단의 가용토지로써 새로운 도시계획 수립 및 도시공간 조성이 가능한 지역
- 택지개발사업, 공공주택지구 조성사업 등 대규모 비개발지역에 신도시를 건설하는 사업에 적용

▶ 계획의 목표

- 토지이용계획 단계에서의 용지배분, 도시기능의 분산화 등을 통해 자족적인 신도시 조성
- 근린 단위 도시서비스, 생활 인프라의 저밀 복합화 및 입체적 공간계획을 통한 생활서비스 접근성 향상
- 도시기능 및 이용자 측면에서 통합적인 도시공간 설계 및 이를 기반한 공간적 · 기능적 연계체계 강화
- 스마트 인프라 도입을 통해 감염병에 대응하면서 유연하게 기능전환이 가능한 생활 인프라의 가변성 확보

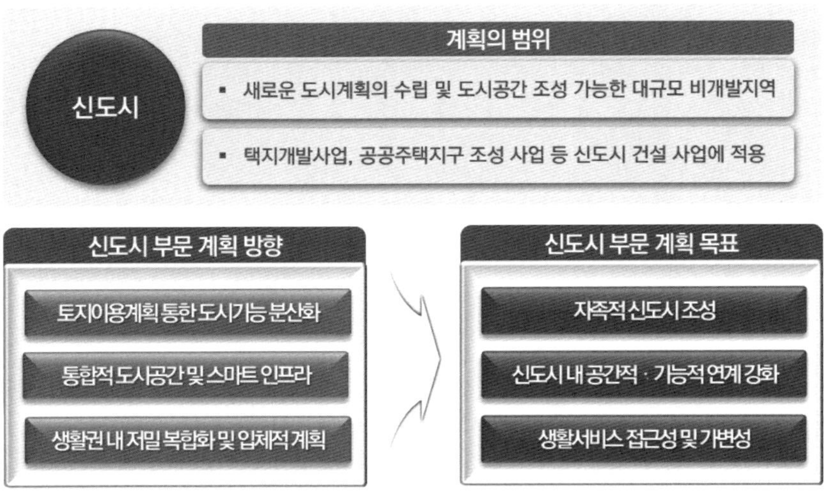

<그림 3-1> 신도시 부문 개요

02 신도시 설계방향

1) 근린보행 복합생활권 형성

▶ 계획 목표

- 근린 이동범위에서 필수 생활서비스 영위가 가능한 복합생활권 형성

▶ 실행 지침

1) 일상생활 또는 감염병 상황에 필수적인 생활서비스 제공이 가능한 생활SOC를 생활권 내 배치
2) 다양한 기능 · 유형의 생활SOC를 생활권 중심에 선형으로 배치하고, 보도로 8~15분 안에 접근하도록 형성하여 원활한 보행접근성 및 보행체계 마련
3) 감염병 상황 발생시 생활권 중심에 갖춰진 생활SOC 중심의 일상생활 지속하며 이동 최소화(ex. 생활SOC 내 워크스테이션 이용하면서 도심 통근 대체)

예시 이미지

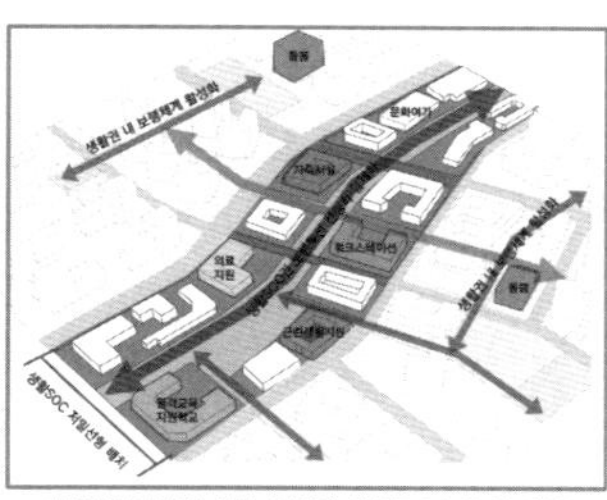

생활권 중심에 선형 배치된 생활SOC 구상 개념

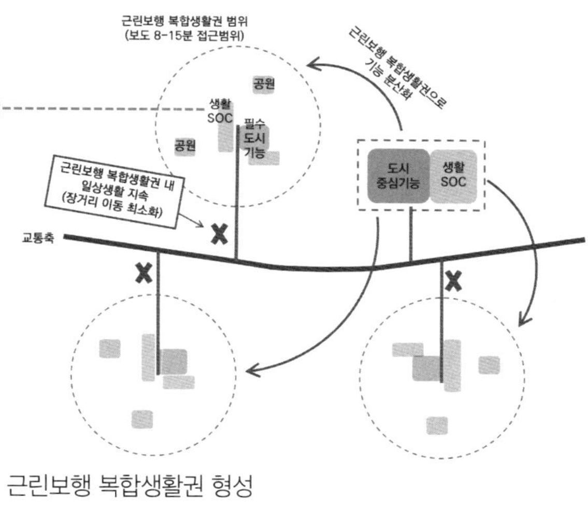

근린보행 복합생활권 형성

2) 입체적 공간계획 반영한 생활SOC 복합화 방안 적용

▶ **계획 목표**

- 보행접근성 향상 및 다양한 생활인프라 영위가 가능하도록 입체적 공간계획 통한 생활 SOC 공급

▶ **실행 지침**

1) 주거단지 개발단위를 중소규모로 분할하여 생활권 내 보행연계 기능 강화(ex. 주거지역 간 녹지연결가로 형성)
2) 주거단지 외곽부에 생활SOC, 근린상업시설, 부대복리시설 등을 배치하여 보행연계공간 내 활력 및 연속성 강화
3) 보행 네트워크 교차지점에 커뮤니티시설, 기반시설 등 조성을 통해 단지 내외부간 커뮤니티 기능 강화(ex. 주민센터, 어린이놀이터, 여가 · 문화시설)

예시 이미지

생활SOC 복합배치 인프라 네트워크 조성 예시

생활SOC 복합배치 인프라 네트워크 조성

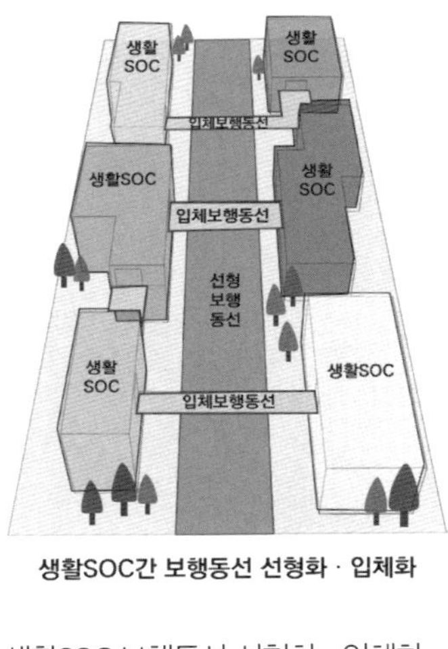

생활SOC간 보행동선 선형화 · 입체화

생활SOC 보행동선 선형화 · 입체화

3) 복합용도 상업지구 조성

▶ 계획 목표

– 도심 상업지구 쇠퇴 현상에 대응하는 복합용도 상업지구 계획안 마련

▶ 실행 지침

1) 토지이용계획 시 도심상권(중심상업지구) 면적을 감소시키고, 근린상권(근린상업지구 및 일반상업지구) 면적을 증가시키는 방향으로 계획
2) 상업지구 내 복합용도지역을 분산 배치하고, 감염병 상황 시 필요한 도시서비스 기능을 복합용도지역 활용해 도입(ex. 물류거점, 의료지원시설, 기본주택 등 주거전환용도 등)
3) 상업지구 내 복합용도지역 · 공공용지와 생활권 보행가로를 연계하여 복합용도 상업지구로의 보행 접근성을 향상하고, 보행가로와 상업지구 내 공공용지에 대한 오픈스페이스 계획을 통해 과밀 혼잡 방지
4) 역세권 고밀개발 지역 등 상업지구 내 건물계획 시 저층부에 생활SOC 및 근린생활시설 중 · 고층부에 임대주택을 일정 비율 도입하는 방식을 적용하여 양질의 주거서비스 제공 및 감염병 상황에 대응 가능한 생활서비스 제공 추구

예시 이미지

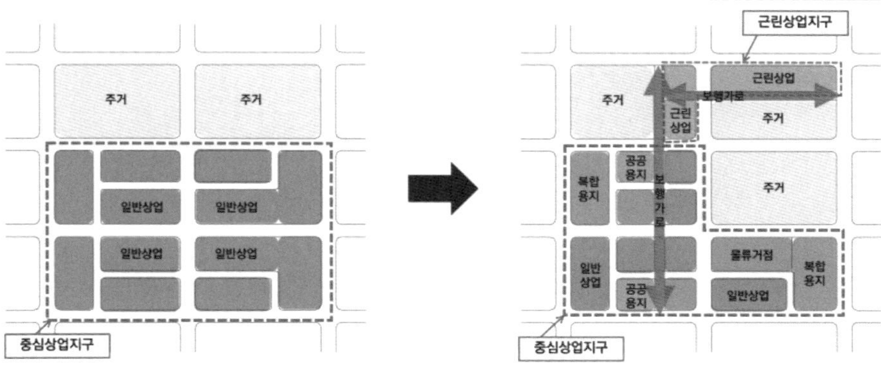

복합용도 상업지구 조성

(좌 : 기존 상업지구 토지이용, 우 : 복합용도 상업지구 토지이용)

4) 미래 수요대응형 유보지 공급방안 마련

▶ **계획 목표**

– 감염병 상황에 필요한 신규 수요에 적절히 대응 가능한 유보지 계획

▶ **실행 지침**

1) 감염병 발생 시 필요성이 급증하는 도시서비스 수요에 대응 가능한 장기적 관점의 유보지확보 계획기준 마련(ex. 입지, 조성비율 등)
2) 신도시 중심부 및 외곽에 유보지를 적절히 분산 배치하며, 생활SOC · 커뮤니티시설 등 도시서비스 제공 시설과의 연계 극대화 방안 추구
3) 유보지로 결정된 필지 · 부지는 공원, 운동장, 휴식공간 등으로 조성하여 시민 활용성 증대

예시 이미지

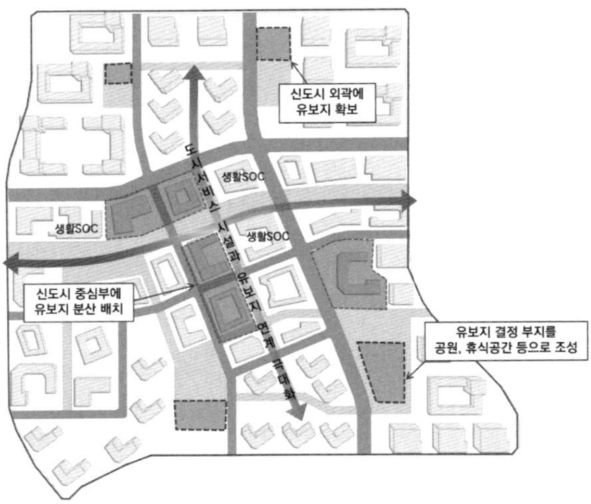

수요대응형 유보지의 공간배치 및 이용

5) 감염병 대응형 통합가로 설계

▶ 계획 목표

- 감염병 대응형 통합가로(complete street) 설계안을 적용해 감염병 상황에서도 도시민 이동성 · 보행성을 보장하는 가로공간 조성

▶ 실행 지침

1) 보행공간, 자전거도로, 대중교통시설 등을 우선적으로 고려한 통합가로 설계 반영
2) 보행 및 자전거로 지역거점 생활권 내 전 구간을 이동하는데 문제없도록 연결지점 및 연계체계를 강화한 가로설계안 적용
3) 도로 계획 과정에서 자전거 및 PM 전용도로 설계안 반영(ex. 전용도로 폭원차로당 2m 확대, PM 제한속도 명시 등)

예시 이미지

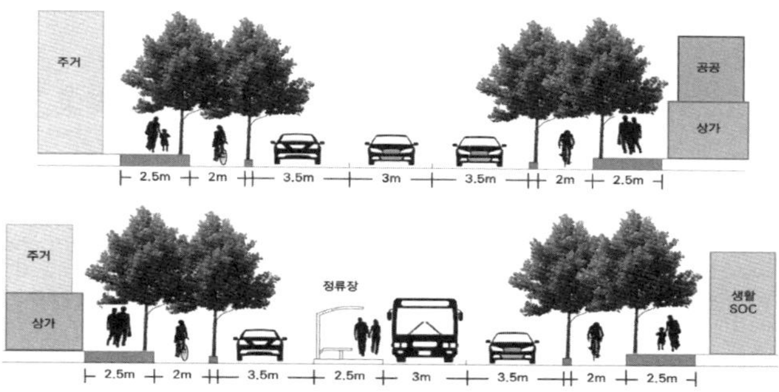

보행 및 자전거도로 폭원 확보한 통합가로 설계 예시

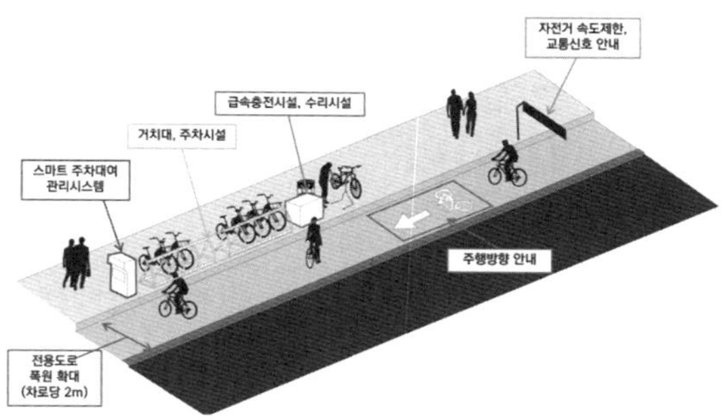

자전거 및 PM 전용도로 설계안 예시

6) 스마트 물류 운송 네트워크 구축

▶ **계획 목표**

– 성장하는 배달시장, 물류 운송 증가 현상에 대응 가능한 효율적 스마트 물류 운송 인프라 구축

▶ **실행 지침**

1) 지역거점, 주요 상업 · 주거지역 등 핵심 입지에 물류거점 용지를 배치하고 생활권 단위에서는 복수의 중소형 물류거점 배치
2) 지하공간 및 공동구 등을 활용한 자율주행 중심의 지하부 물류 운송 네트워크를 구축하여 각 물류거점을 연계한 스마트 배송체계 도입

예시 이미지

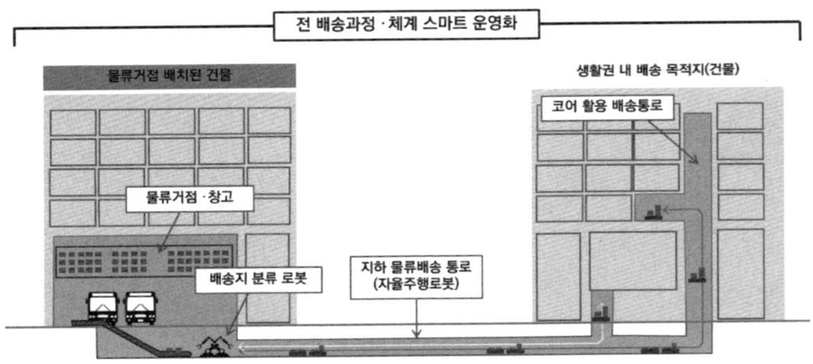

지하부 물류 운송 네트워크를 활용한 스마트 배송체계[1]

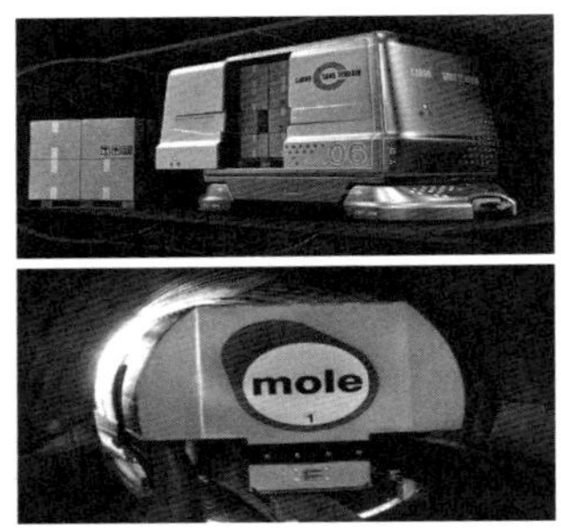

지하부 운송 자율주행 로봇[2]

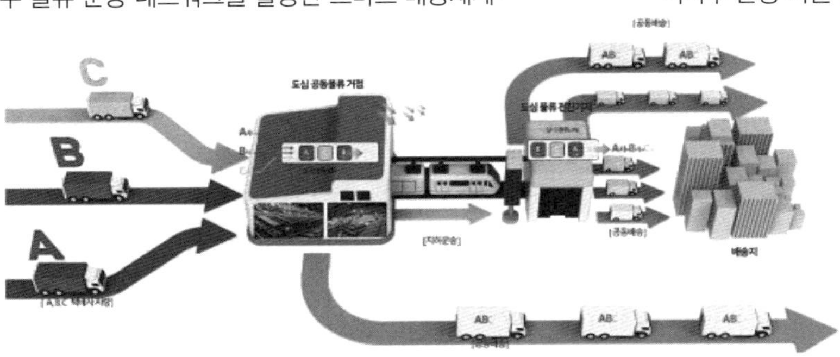

도시공동 스마트 물류 인프라[3]

자료: 1) ©City Logics, 2) ©Global Risk Insight, 3) ©국토저널

7) 선형공원 조성

▶ **계획 목표**

- 공원을 선형으로 조성해 사람들의 혼잡도 감소 및 공원 접근성 강화

▶ **실행 지침**

1) 공원을 점적으로 배치하기보다 선형녹지화하여 공원 접근성을 강화한 녹지축 형성
2) 가로수, 가로식재, 차단숲 등을 활용하여 선형 보행공간을 조성하고 감염병 상황 시 필요한 편의 및 문화 · 여가시설 기능을 적정 간격으로 도입
3) 주거지역–공원(선형녹지)–생활권 중심(생활SOC, 상업 · 업무 등)으로 자연스럽게 연계되는 생활 동선 형성

예시 이미지

선형 공원 조성 예시(경의선 숲길)[1)]

선형녹지화 보행로[2)]

차단숲 조성 예시(순천)[3)]

자료: 1) ©한국경제, 2) ©이투데이, 3) ©연합뉴스

8) 신도시 내 거점 공공의료인프라 구축

▶ 계획 목표

– 거점 병원, 공공의료시설, 방재거점 빌딩 등을 활용한 공공의료인프라 공급방안 마련

▶ 실행 지침

1) 생활권 내 보건지소 · 건강생활지원센터 등 공공의료시설을 분산 배치하며, 이때 대중교통 접근성 · 보행체계 연계성 등을 중점적으로 고려
2) 종합병원 설립 허가 시 합당한 인센티브 계획을 통해 음압병동, 비상병실 등 긴급상황에 거점병원 역할 수행이 가능한 설계 및 설비 지침 준수 권장
3) 중심지역 내 대형시설에 방재기능 수행이 가능한 설비 및 공간(ex. 비상용발전소, 급수/의료시설, 비축물자창고, 대피소 등) 설치를 유도하고 접근성이 원활히 유지되도록 교통 · 보행체계 구축

예시 이미지

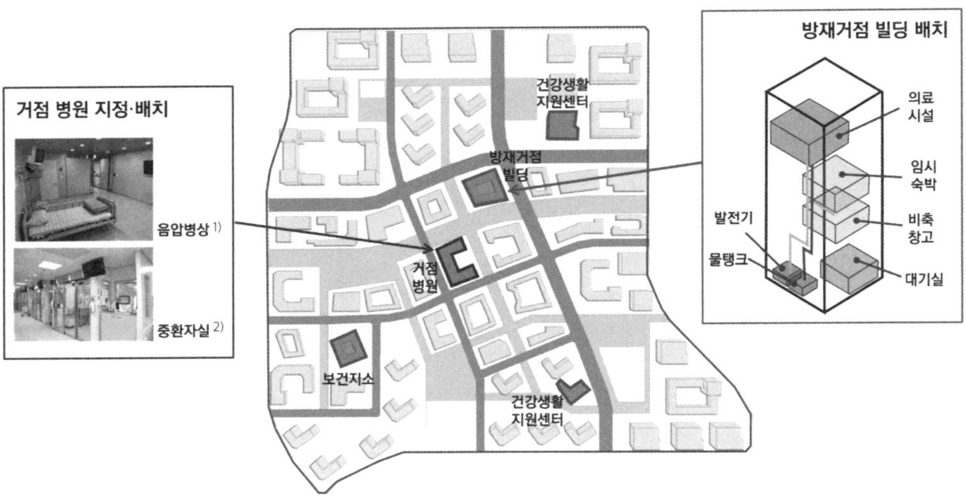

신도시 내 거점 공공의료인프라 구축

자료: 1) ©한국경제, 2) ©국민일보

9) 의료 폐기물 처리 시설 확충

▶ **계획 목표**

- 격리병원 및 생활치료센터 등에서 발생한 의료폐기물로부터의 감염 방지

▶ **실행 지침**

1) 감염 위험이 있는 의료 폐기물은 스마트 시스템을 활용하여 무인 운송, 폐기할 수 있는 시스템 구축
2) 스마트 처리 시설을 도입해 안전하고 감염 없는 의료폐기물 처리(ex. 자동크린넷시스템 등)
3) 의료폐기물 전용 집하장을 설치해 폐기물 소독 및 저온 처리 시설 구축

예시 이미지

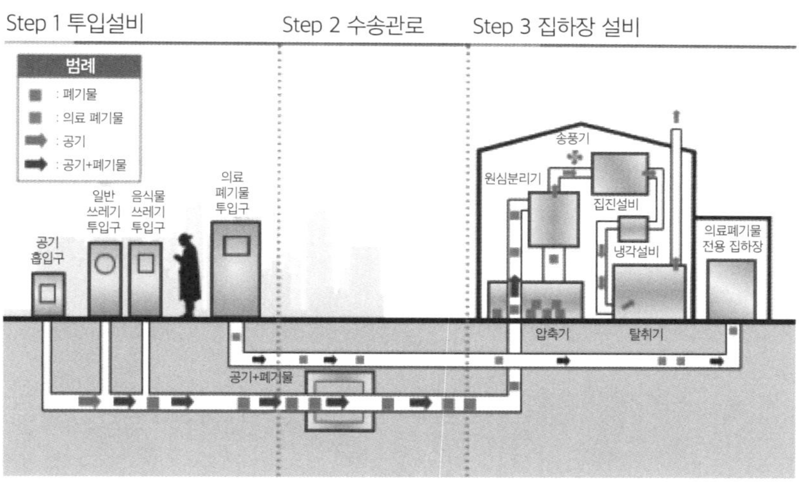

의료 폐기물 전용 자동크리넷시스템

자료: ©국민일보

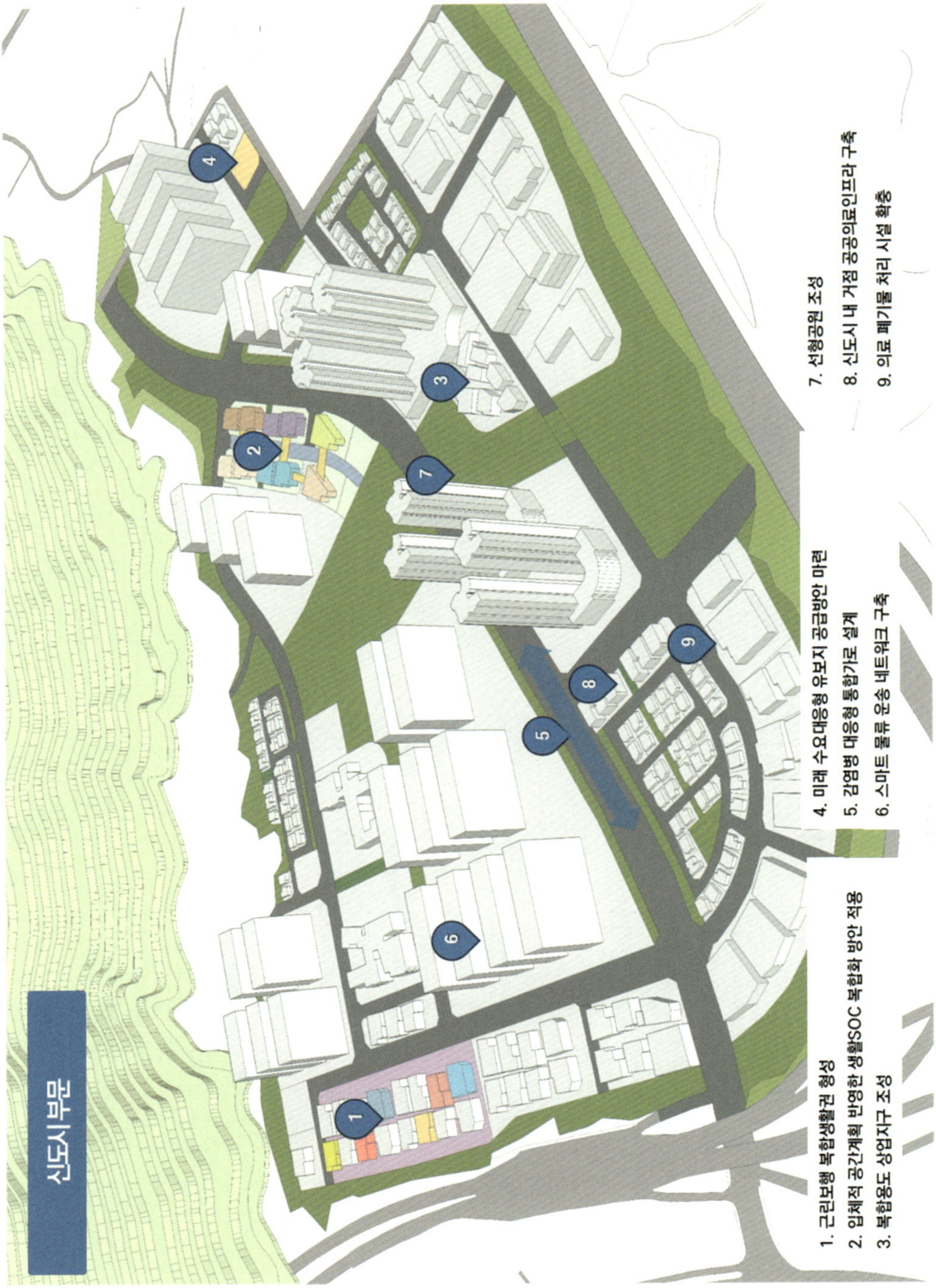

<그림 3-2> 신도시 설계방향 예시 종합

4장

감염병 극복을 위한 도시재생 설계방향

03 계획의 범위 및 목표

▶ 계획의 범위

- 기존에 형성된 기성시가지에 적용
- 도시재생활성화계획 등 기성시가지에 대한 도시재생 및 정비사업 관련 사업들을 실행하기 용이한 방안으로 구성

▶ 계획의 목표

- 기성시가지내 도시공간에 부가적인 스마트 인프라, 기술적 시스템 도입을 통해 생활권 및 주요지역의 자족성, 서비스 접근성 등 도시기능 및 서비스 강화
- 토지, 건축물, 시설물의 가변적 이용을 도모하여 감염병과 각종 수요 발생에 대한 도시공간 및 기능을 개선하고 기성시가지의 도시대응력 향상
- 인센티브 계획, 기부채납 등 민간사업에서의 지침사항 준수를 권장하여 계획을 위한 공적공간을 확충

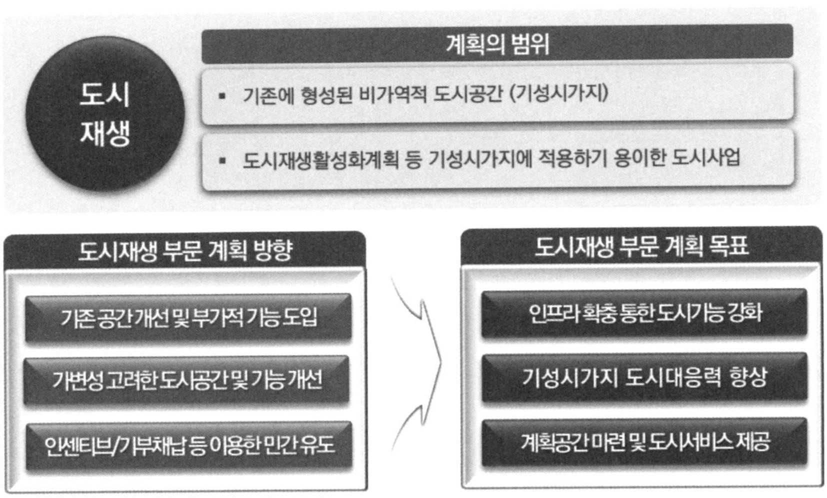

<그림 4-1> 도시재생 부문 개요

02 도시재생 설계방향

1) 유연한 도시서비스 제공을 위한 유보지 확보

▶ **계획 목표**

– 향후 필요한 토지용도, 도시서비스를 제공하기 위해 시가지 내 가변적 이용 가능한 유보지 확보 및 단계별 유연한 활용방안 마련

▶ **실행 지침**

1) 생활권 내 중소규모 유보지를 확보하고, 해당 유보지의 용도전환을 통해 감염병 상황시 미래 수요에 대응가능한 도시서비스 공급
2) 도시재생사업 과정에서 기부채납으로 확보된 토지의 유보지 지정을 유도하고 임시주차장, 소공원 등 가변적, 저비용 운영이 가능한 용도로 유지관리
3) 감염병 상황 시 유보지를 선별진료소, 생활SOC 등 수요와 필요에 응하는 용도로 전환하여 도시 전역과 생활권에 필요한 도시서비스 및 인프라 공급

예시 이미지

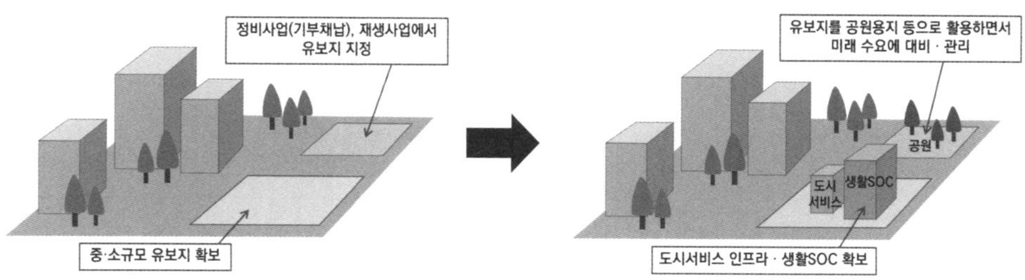

유연한 도시서비스 제공을 위한 유보지 확보

(좌 : 유보지 확보 과정, 우 : 확보한 유보지에 대한 활용 및 유지 · 관리 방안)

2) 각종 생활서비스 제공하는 생활SOC 복합화 계획

▶ **계획 목표**

- 다양하면서도 필수적인 일상생활 서비스를 함께 제공하는 생활SOC 복합화 계획안 적용

▶ **실행 지침**

1) 감염병 상황에서 단일 시설 방문만으로도 여러 도시서비스 이용이 가능하도록 다양한 기능 · 시설을 집적화한 생활SOC 복합화 계획안 수립
2) 일상생활 유지에 필수적인 도시서비스 제공에 초점을 맞추되, 기존 도시계획시설과의 연계성, 보행 접근성 여부 등을 중점적으로 고려하여 계획
3) 기성시가지 내 도시재생사업, 빈집 정비사업 등을 통해 확보된 생활SOC 또는 거점공간에서 다양한 도시서비스 기능을 수행하도록 생활SOC 복합화 계획안 마련

예시 이미지

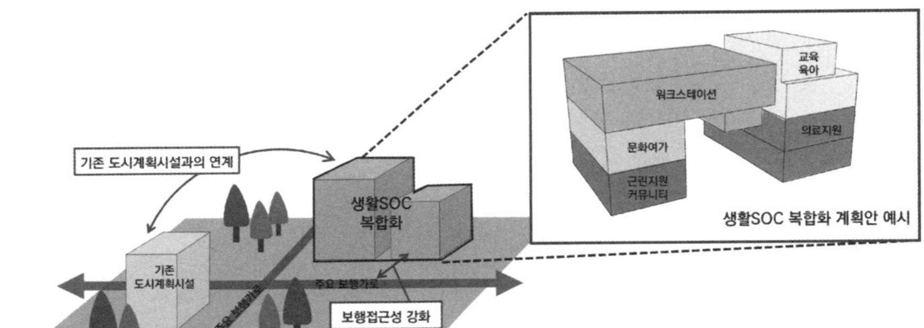

생활SOC 복합화 계획안 예시

3) 대중교통시설 및 공유교통시설 위생·방역 강화

▶ 계획 목표

- 대중교통시설, 공유교통시설에 대한 위생 · 방역 방안 강화해 대중교통 이용 불안감 해소 및 감염 안전성 확보

▶ 실행 지침

1) 역사, 정류소 등 대중교통시설 출입부에 체온감지 시스템 등 감염차단방안 적용된 전이공간 마련
2) 대중교통 차고지계획 시 차량 내 · 외부 방역설비 배치
3) PM, 자전거 등 공유교통시설 전용거치대에 위생 · 방역설비 추가
4) 감염병 상황 시 대중교통 정류장에 승 · 하차 동선분리, 간격유지 안내표시, 마스크 및 위생설비 자동판매대 등 위생 · 방역 매뉴얼 전면 적용

예시 이미지

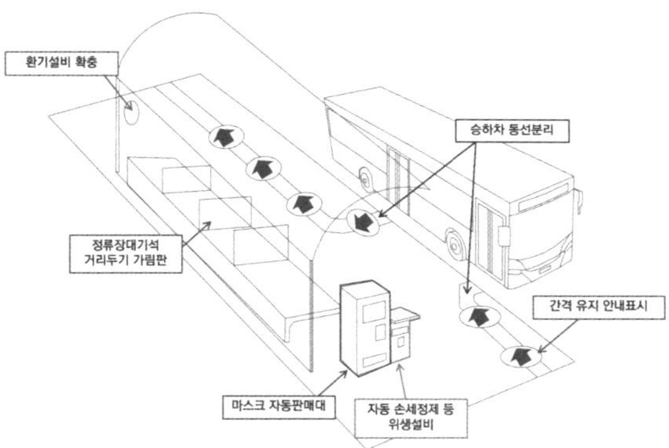

감염병 상황 시 대중교통 운영체계

대중교통 거리두기 안내[1)]

자료: 1) ©VietnamTimes

4) 개인교통수단 인프라 확충

▶ **계획 목표**

- 자전거, PM 이용률 증가에 따른 개인교통수단 인프라 확충을 통해 단거리 교통 활동 보장

▶ **실행 지침**

1) 주거 · 상업지구, 역사 출입지점 등 주요 도시공간 중심으로 개인교통수단 인프라 확충(ex. 거치대, 충전시설)
2) 도시공간 사이틀 자전거 및 PM 전용도로로 연계체계를 강화해 근거리 이동 시 PM 이용 유도

예시 이미지

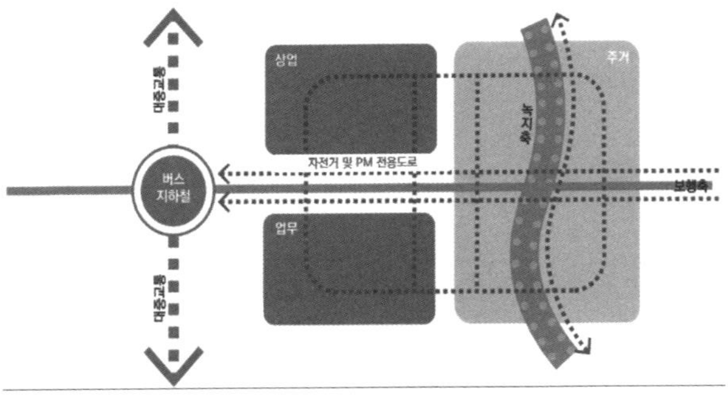

자전거 및 PM 전용도로 연계체계 강화[1)]

주요 도시공간 내
개인교통수단 인프라 확충[2)]

자료: 1) ©공공주택사업 업무편람(LH,2017), 2) ©연합뉴스

5) 가로공간 전환 통한 보행 및 PM 전용공간 확장

▶ **계획 목표**

- 감염병 상황 시 개인교통수단 이용 증가, 보행자 간 감염병 확산 방지를 위해 도시 가로공간 내 보도 및 PM 전용공간 확장

▶ **실행 지침**

1) 감염병 상황 시, 가변차로를 전환해 PM 수요증대 및 감염병 대응을 위한 보행공간 및 자전거도로 확장
2) 노면도색, 볼라드, 간판, 화분 등 임시시설물을 활용해 보행자 및 PM 전용공간을 확보하는 택티컬 어바니즘(tactical urbanism) 적용

예시 이미지

택티컬 어바니즘을 통한 보행자 및 PM 전용공간 확장

자료: 1) ©서울연구원, 2) ©Croakey, 3) ©Abley.com, 4) © American Society of Landscape Architects

6) 생활밀착형 물류 인프라 개선

▶ **계획 목표**

- 생활권 내 도시 물류 운송 서비스의 접근성 및 이용 편의성 증진을 위한 인프라 개선

▶ **실행 지침**

1) 물류설비 확충 및 운송차량의 접근이 어려운 지역에는 자율주행 로보틱스, 드론 등을 활용하여 물류 배송 취약지점 발생 방지
2) 생활권 등 일정 반경을 기준으로 지역거점을 담당할 수 있는 스마트 물류센터를 운영하여 해당 지역의 물류 운송 서비스 담당

예시 이미지

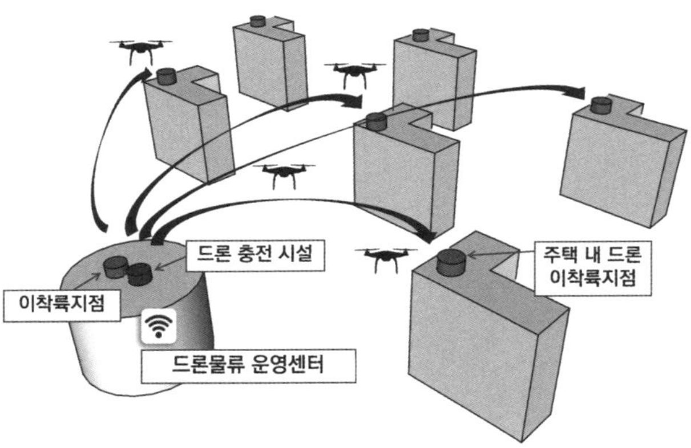

드론 활용한 물류 배송시스템

자료: : ©Inhabitat

7) 보행권 내 접근 가능한 공원 조성

▶ **계획 목표**

- 감염병으로 인한 실내생활 스트레스 해소를 위해 보행권 내 접근 가능한 공원 조성

▶ **실행 지침**

1) 지역거점 생활권 내 보행체계와 연계되는 주요거점 또는 주거지역마다 중 · 소규모 공원 및 녹지 배치
2) 공원 계획 시, 공기정화 식재 도입, 벽면 녹화 등을 활용하여 공기 순환을 촉진하고 미세먼지를 저감하는 공원 조성
3) 생활SOC 건물, 공동주택 주동 옥상부 등 다중이용 건축물 옥상부를 활용한 녹지 조성

예시 이미지

보행권 내 접근 가능한 공원 조성

벽면 녹화 예시[1)]

옥상 정원 조성 예시[2)]

자료: 1) ©Inhabitat, 2) ©경인일보

8) 감염병 대응형 공원 설계

▶ **계획 목표**

– 공원시설 이용 시, 비대면 및 사회적 거리두기가 가능하도록 개인 영역이 확보된 설계방안 반영

▶ **실행 지침**

1) 공원 출입 지점에 체온측정, 자동 손세정제, 시설 혼잡정도 체크 등 위생설비 강화
2) 공원 내 주요 보행로 및 활동공간에 개인 영역을 확보 · 구획 · 안내할 수 있는 디자인 개발 및 적용
3) 감염병 상황 시 공원 내 이동 동선의 경우 상호 겹치지 않도록 일방통행 및 선형화 기법 적용
4) 거리두기를 적용할 수 있는 공원 시설물 설치

예시 이미지

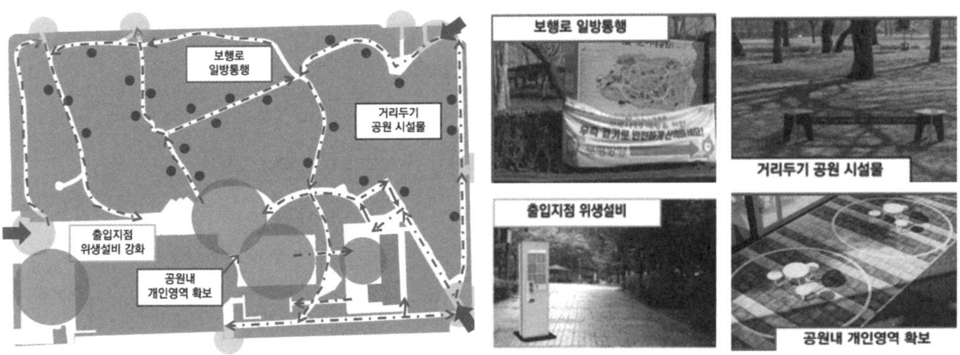

감염병 대응형 공원 디자인

자료: 1) ©Wikiloc, 2) ©Wikiloc, 3) ©Object Studio, 4) ©Hypeandhyper

9) 공원 · 관공서 · 공공시설에 방재기능 확보

▶ **계획 목표**

– 감염병 발생 시 공원, 관공서, 공공시설을 임시병동, 임시주거 등 의료 및 방재 기능 용도로 유연하게 활용

▶ **실행 지침**

1) 공원, 공공시설 내부에 비상시 대피소, 생활치료센터 등으로 활용가능할 수 있도록 의료 · 방재 기능을 담당하는 일정 규모 공간 확보
2) 확보된 공간에는 건축시설물 설치 최소화, 응급의료물품 비치설비 적용
3) 비상차량도로 등 방재기능 기반시설과 연계되도록 계획

예시 이미지

방재공원 조성 예시(미타카 중앙방재공원)[1)]

공원 활용한
의료시설 및 임시거주시설[2)]

자료: 1) ©UrbanGreen, 2) ©New York Daily News

10) 건축 가변성을 통한 공공편익시설 · 외부공간 계획

▶ **계획 목표**

- 공간의 형태 및 사용 목적을 유연하게 변형하여 비상 대응시설로 활용 가능한 공공편익시설 및 외부공간 조성

▶ **실행 지침**

1) 모듈러 건축을 통해 단위공간별 기능 변형이 가능한 공공편익시설 조성
2) 외부공간에 위치 이동할 수 있는 모빌리티 모듈(mobility-module) 형태의 소규모 휴게시설 조성
3) 감염병 발생 시 개별 모듈의 재구조화를 통해 지역의 감염병 대응 거점으로 활용
4) 건축물 내외부 및 연결부의 비접촉방식 전환을 통해 락다운 상황에서의 부분적 운영 도모

예시 이미지

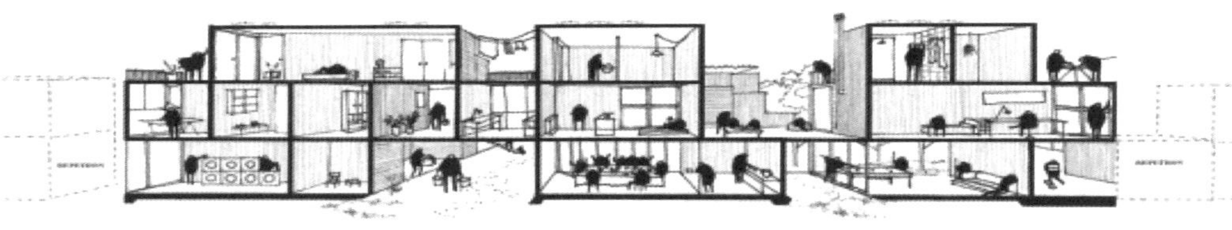

모듈러 공공건축[1)]

모빌리티 모듈형태의 휴게시설[2)]

비접촉을 통한 공공시설 운영[3)]

자료: 1) ©The Competition Blog, 2) ©Lafent, 3) ©The Korea Bizwire

11) 감염병 대비를 위한 생활권 공공의료인프라 형성

▶ 계획 목표

- 생활권 거주민의 의료접근성 확장을 위한 공공의료인프라 구축방안 마련

▶ 실행 지침

1) 공공의료인프라 배치 과정에서 대중교통 접근성, 보행체계 연계성 등을 중점적으로 고려해 의료시설 접근성 확보
2) 연수시설, 기숙사, 숙박시설 등 생활치료센터 후보군 건물을 선별하고, 감염병 상황 시 유행단계에 따라 생활치료센터로 전환하는 단계적 시스템 구축
3) 도시재생 또는 도시정비사업 과정에서 확보된 공공공간 · 거점공간을 활용하여 보건지소, 건강생활지원센터 등 공공의료시설 배치
4) 오피스 · 대형 건물에서 의료 및 생활 인프라를 제공할 경우 공공기여에 해당하는 인센티브를 부여하는 방안 마련

예시 이미지

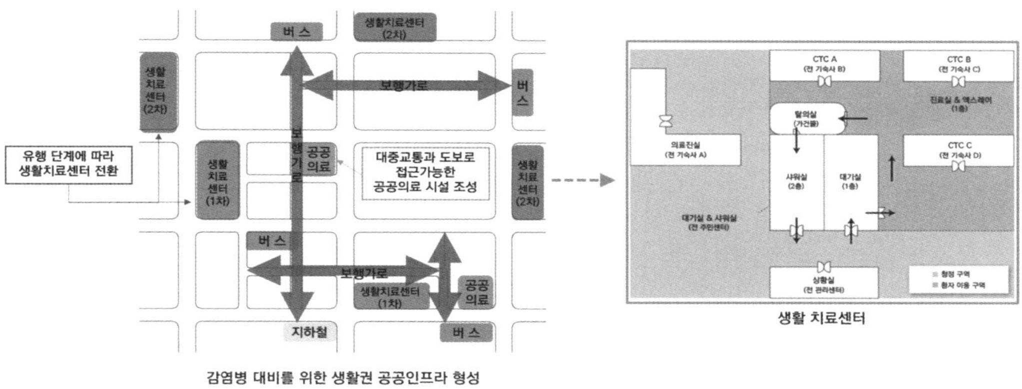

감염병 대비를 위한 생활권 공공의료인프라 형성

12) 의료 · 방역기능을 갖춘 스마트 가로시설물 설치

▶ 계획 목표

– 체온측정, CCTV 동선 체크 기능 등을 갖춘 가로시설물을 설치하여 감염병 상황 시 대응

▶ 실행 지침

1) 공원, 관공서 등 공공시설 출입구와 주요 동선 결절점 등에 스마트 안내 시스템을 설치하여 혼잡 여부, 방역 수칙, 맞춤형 이동경로 안내, 위생설비 이용 등 서비스 제공
2) 비상벨, CCTV 열 감지 모니터링 시스템을 갖춘 스마트 폴을 가로에 배치하여 감염병 상황 시 필요한 기능 수행

예시 이미지

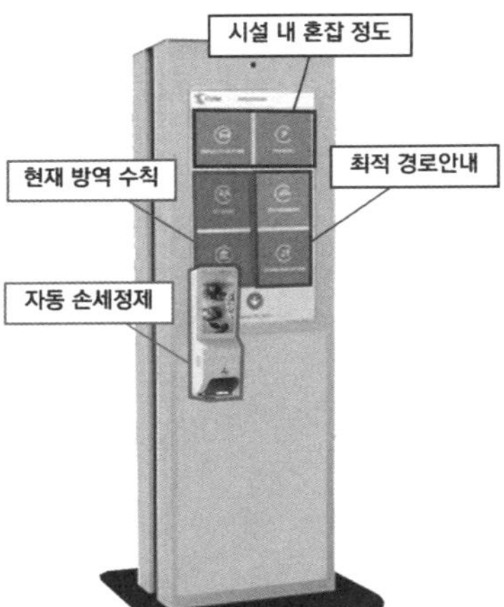

스마트 안내 시스템 예시[1)]

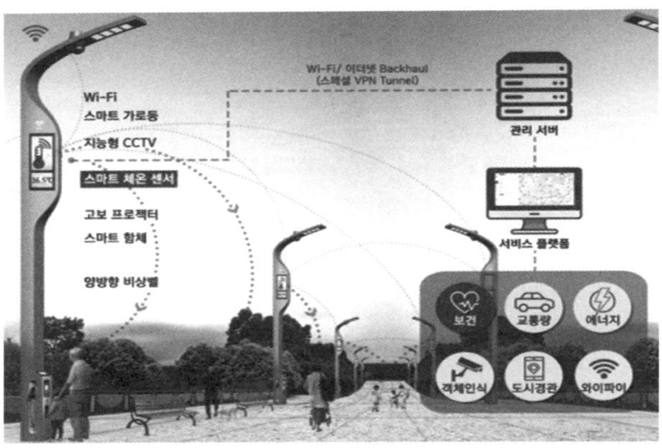

스마트 폴 활용한 모니터링 시스템[2)]

자료: 1) ©Light It Smart, 2) ©Facility Apps

<그림 4-2> 도시재생 설계방향 예시 종합

5장

감염병 극복을 위한 공동주택 설계방향

01 계획의 범위 및 목표

▶ 계획의 범위

- 새롭게 조성하는 공동주택단지에 적용 가능한 계획 및 설비
- 단지계획, 주동배치, 부대복리시설, 건축설비 등 공통주택단지 건설에 포함되는 적용방안

▶ 계획의 및 목표

- 주거단지 내 · 외부간의 연결성을 고려한 단지계획을 통해 보행연계성 및 커뮤니티 기능 활성화
- 감염병 대응형 주동구조 및 스마트 설비를 도입한 공용공간계획을 통해서 공동주택 내 위생 · 방역 기능 강화
- 가변성 등 반영한 단위세대 계획을 통해 다양한 활동이 가능한 친환경적 주거환경 마련

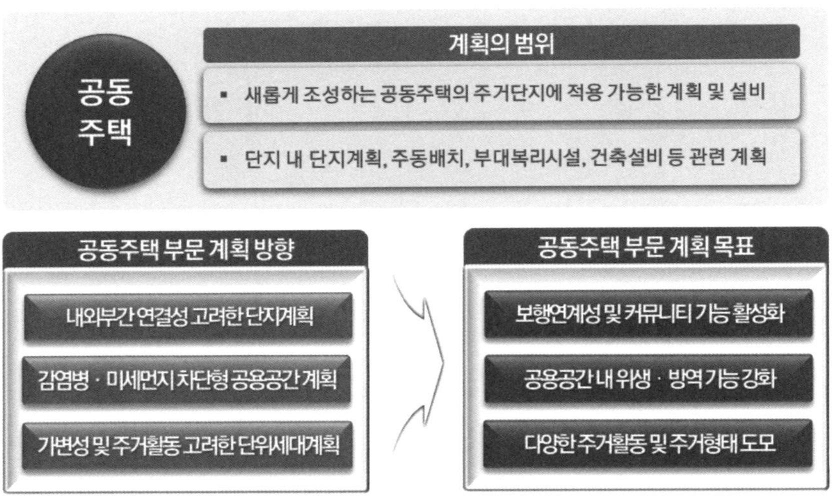

<그림 5-1> 공동주택 부문 개요

02 공동주택 설계방향

1) 중소형 규모의 공동주택 단지계획을 통한 보행연계 및 커뮤니티 기능 강화

▶ 계획 목표

- 생활권 내 보행단절구간 방지 및 커뮤니티 활성화를 위해 중소형 규모의 공동주택단지를 계획

▶ 실행 지침

1) 주거단지 개발단위를 중소형 규모로 분할하여 생활권 내 보행연계 기능 강화(ex. 주거지역 간 녹지연결가로 형성)
2) 주거단지 외곽부에 생활SOC, 근린상업시설, 부대복리시설 등 배치하여 보행연계공간 내 활력 및 연속성 강화
3) 보행 네트워크 교차지점에 커뮤니티시설, 기반시설 등을 조성하여 단지 내 · 외부간 커뮤니티 기능 강화(ex. 주민센터, 어린이놀이터, 여가 · 문화시설)

예시 이미지

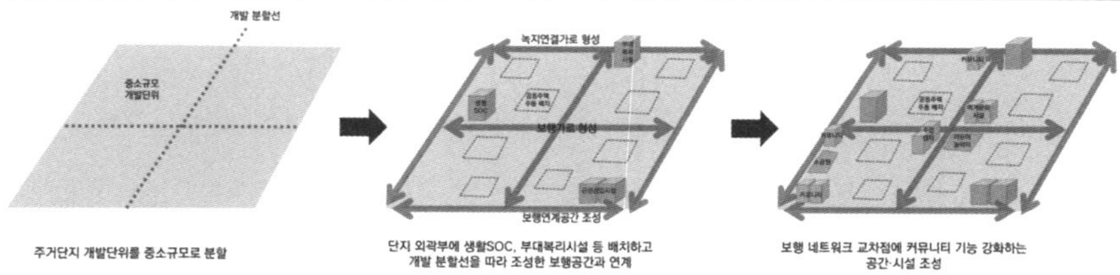

종소형 규모의 주거단지 계획 통한 보행연계 및 커뮤니티 기능 강화

근생시설 등 배치 통한 가로활력 및 연속성 강화[1)]

자료: 1) ©파주운정지구 택지개발사업 지구단위계획 건축부문 시행지침(2017)

2) 감염병 대응형 주동구조 적용

▶ **계획 목표**

– 감염병 확산 방지를 위해 원활한 환기가 가능한 주동구조를 갖춘 공동주택 조성

▶ **실행 지침**

1) 주동 코어 위치를 변경해 단위세대 통풍 및 외부 연결성 강화(ex. 주동 외벽 혹은 세대 사이 공간으로 코어 이동)
2) 실내 동선 분산화 가능한 코어 설계 적용
3) 공용 복도 폭을 확대해 주동 공용공간 이용 시 거리두기 실천
4) 단지 및 건축 계획 시 저탄소 에너지절약형 기술 반영한 계획 적용(ex. 패시브 주택)

예시 이미지

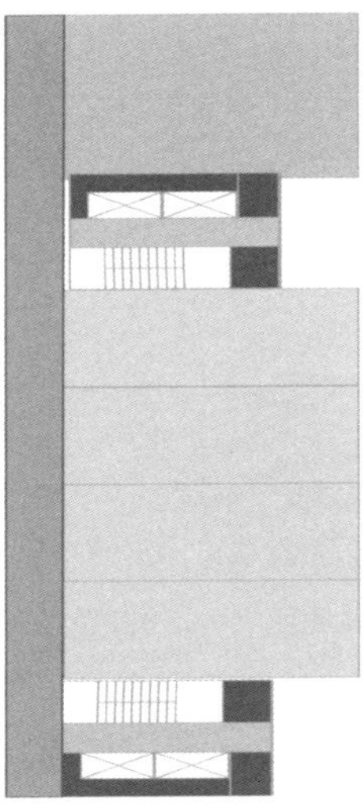

복수코어 설계를 통한 실내 동선 분산화

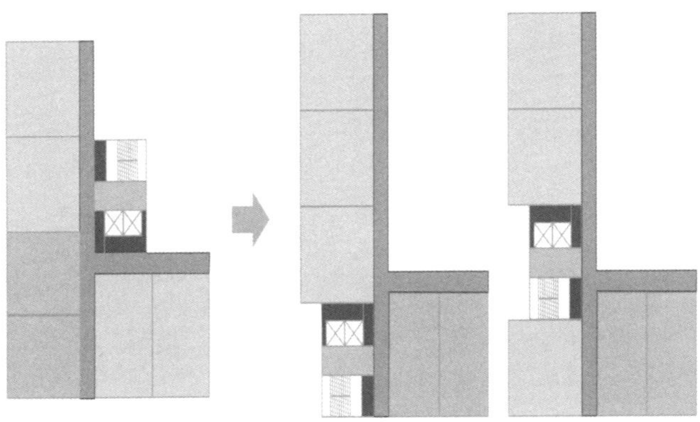

코어의 위치를 주동 외벽으로 이동해 동선 분산화

3) 단위세대 주거구조 및 주택설계 변경

▶ 계획 목표

– 단위세대에서의 거주 시간이 증가함에 따라 주거공간에서 다양한 활동을 할 수 있도록 설계

▶ 실행 지침

1) 쾌적한 실내시간 활동을 위해 전용면적을 증가시키는 기둥식 구조 활용
2) 가변형 벽체를 활용해 거주자 필요에 따라 공간변형 가능한 주택설계
3) 테라스, 발코니, 베란다 등 야외 연결 공간 확충해 환기의 용이성 및 친환경공간 확보

예시 이미지

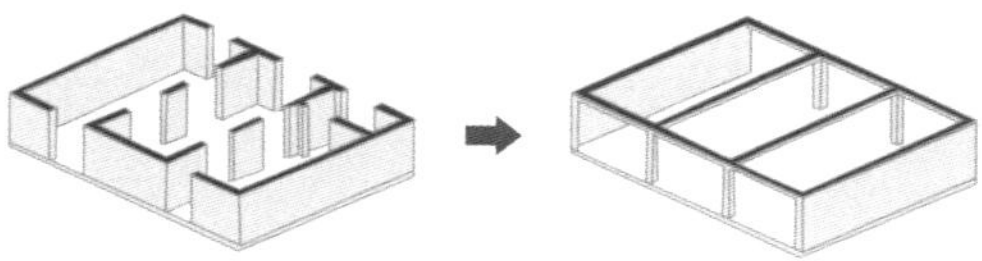

기둥식 구조를 통한 전용면적 증가

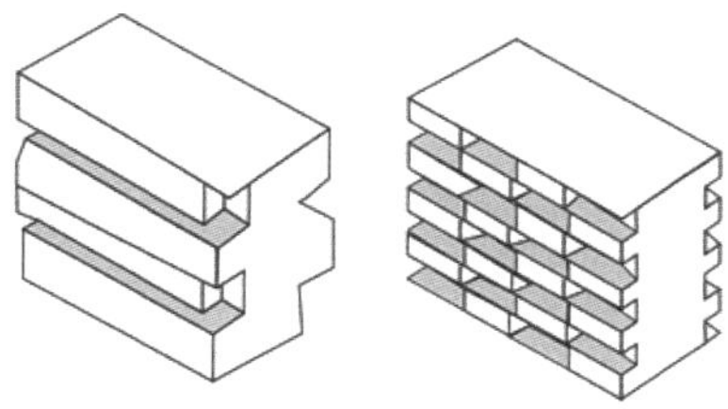

야외 연결 공간의 확충

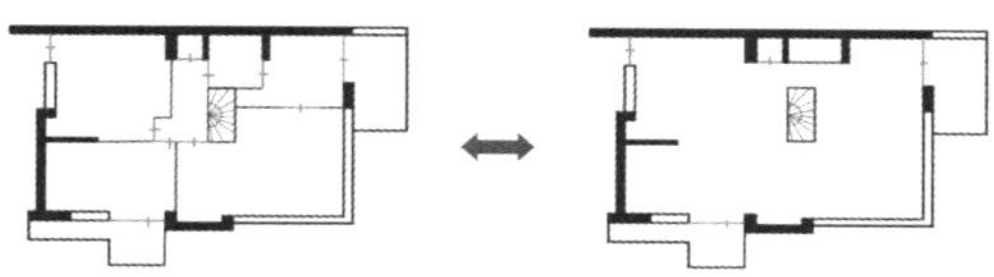

가변형 벽체를 통한 공간변형

테라스 및 옥상정원[1]

자료: 1) ©경향신문

4) 감염병 · 미세먼지를 차단하는 스마트 출입시스템

▶ 계획 목표

- 주동 출입구에 스마트 기술을 도입하여 건강체크와 방역기능을 갖춘 감염병 차단 및 실내 미세먼지 저감을 위한 전이공간 마련

▶ 실행 지침

1) 사물 접촉 없이도 출입 및 승강기 자동화 호출이 가능한 시스템 도입(ex. 근거리무선통신(NFC) 기술 활용한 공동현관문 개방 등)
2) 출입자의 체온과 이상증세를 감지하며 기본적인 살균기능을 도입하여 실내 위생 · 방역 기능 증진
3) 사물인터넷(IoT) 기술 도입한 에어샤워 존(Air-Shower Zone)을 설치해 외부 미세먼지 농도 알림서비스 제공 및 출입시 유입되는 미세먼지 차단

예시 이미지

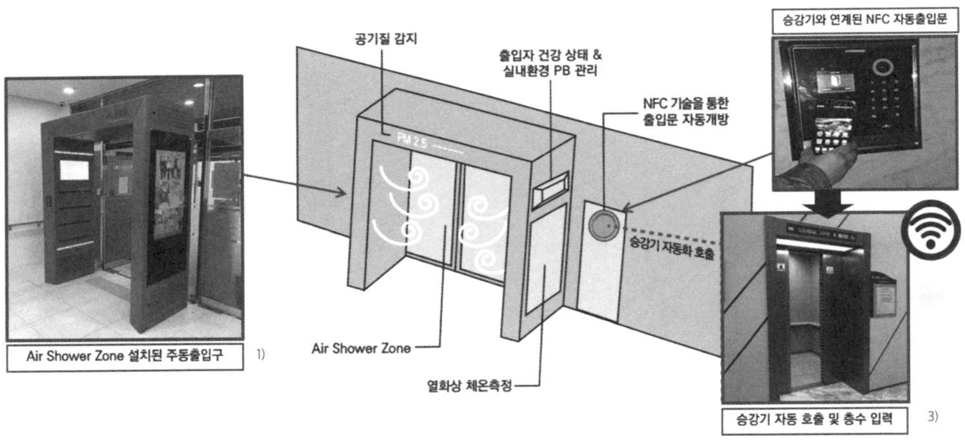

스마트 전이공간을 통한 자동화 및 감염병 · 미세먼지 차단 시스템

자료: 1) ©환경법률신문, 2) ©구글이미지, 3) ©㈜바세라

5) 감염병 · 미세먼지 제로 위한 건축 환기 설비·시스템

▶ 계획 목표

- 건축물 내 환기, 공조설비 개선을 통해 실내외 공기순환을 유발하여 미세먼지 등 실내 공기질 정화 및 감염병 확산방지 기능 도모

▶ 실행 지침

1) 주거단지의 내부 건축물의 공조설비 기준 강화(ex. 원활한 실내 통풍 가능한 건축구조 설계, 에어필터 설치, 건축물 내 기계식 환기 시스템 도입 등)
2) 감염병 상황 시 급기와 배기 공기를 분리한 바이러스 외부배출 환기 시스템 구축
3) 기존에 사용되던 천장공조 시스템에서 실내의 오염된 공기가 재순환되지 않아 감염을 최소화할 수 있는 가압식 바닥공조 시스템 적용
4) 내부 공기질을 자동으로 관리하는 스마트 환기 시스템 도입

예시 이미지

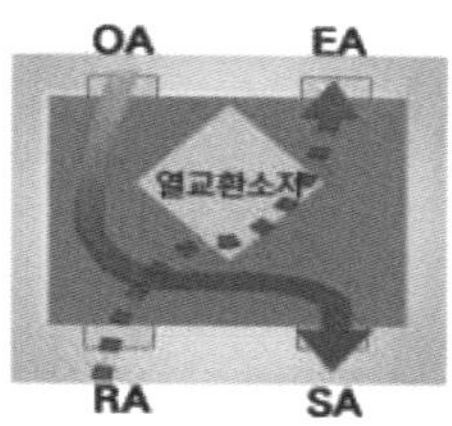

기계식 공기환기시스템

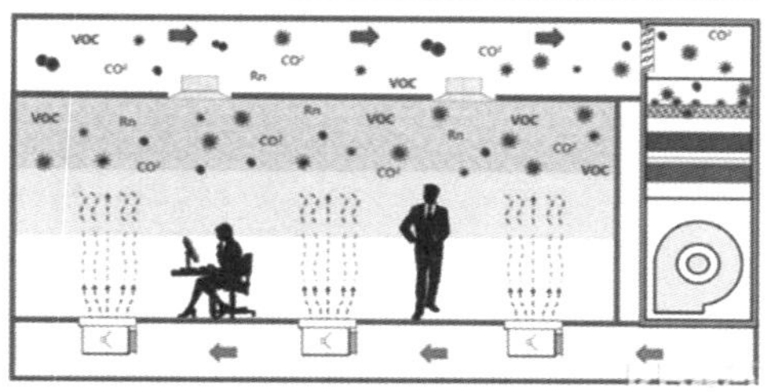
가압식 바닥공조시스템[1]

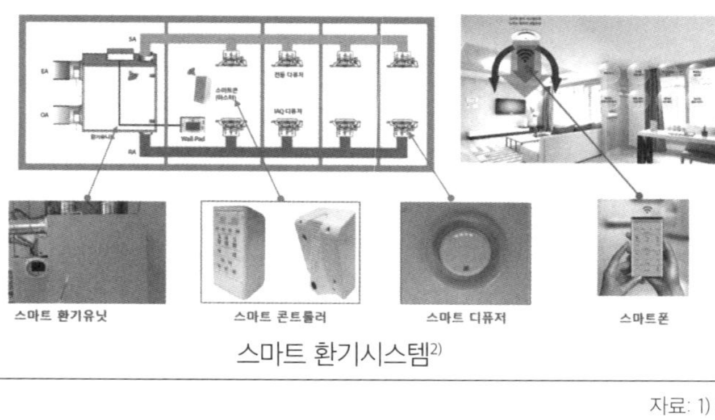

스마트 환기시스템[2]

자료: 1) ©Khan, 2) ©정보통신신문

6) 돌봄 및 신체활동을 위한 공간 마련

▶ **계획 목표**

- 주택 내 거주 시간이 증가함에 따라 주거공간에서 다양한 활동을 할 수 있도록 설계

▶ **실행 지침**

1) 업무지역, 주거지역 등 보육자의 서비스 접근성이 용이한 지역에 공공돌봄센터 조성
2) 워크스테이션 등 생활권 내 커뮤니티 시설과 연결되어 자연감시가 가능한 '온워치(On-Watch) 놀이 공간' 조성
3) 보육시설 및 생활권에 접촉을 최소화할 수 있는 비접촉 어린이놀이터 조성
4) 감염병 상황 시 기존 도시공간에 택티컬 어버니즘기법을 활용하여 아동의 신체적 활동 및 정서적 안정 도모가 가능한 야외 놀이가로(Open Play Street) 조성

예시 이미지

공공돌봄센터 조성 예시[1)]

비접촉 어린이 놀이터[2)]

기존 도로를 활용한 Open Play Street[3)]

자료: 1) ©서울특별시, 2) ©lafent, 3) ©Street Lab

<그림 5-2> 공동주택 설계방향 예시 종합

6장

감염병 극복을 위한 학교시설 설계방향

01 계획의 범위 및 목표

▶ **계획의 범위**

- 주요 학교 감염병 유형 중 Covid-19가 포함된 비말접촉 등 공기매개 감염병에 한정하여 대응방안 검토
- 감염병 대응을 위한 학교조성 방안을 수립함에 있어 사용자의 이용행태, 학생들의 연령·학년별 특성, 학교와 관련된 사회·경제·환경적 특성 등 다양한 요소를 고려해야 하나 여기에서는 학교 공간에서의 물리적 건조환경(건축)으로 범위를 한정

▶ **계획의 목표**

- 감염병으로부터 안전한 학교생활과 중단 없는 학습이 가능한 학교공간 조성을 위한 감염병 대응형 학교 설계 기준을 마련
- 학교 공간 전반에 공통으로 적용할 일반사항과 공간 유형별 특성에 부합하는 대응방안 수립

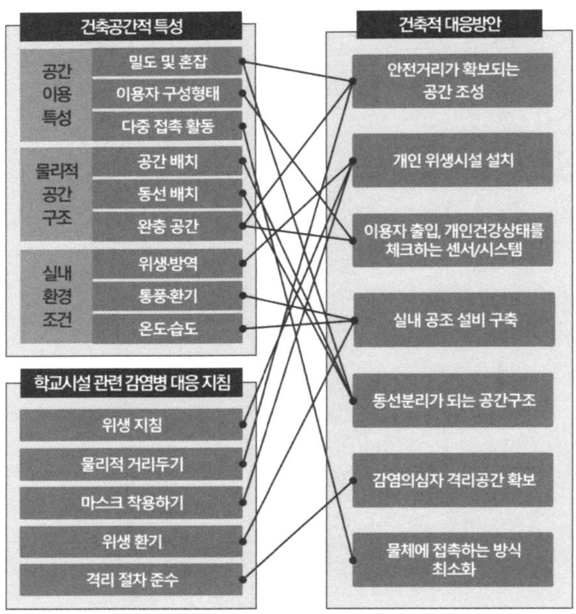

<그림 6-1> 감염병에 대응하는 건축적 대응방안 도출

02 학교시설 설계방향

1) 학교 부지 경계

▶ **계획 목표**

- 학교 경계부 공간을 활용해 학부모 대기공간 조성

▶ **실행 지침**

1) 교문 인근의 혼잡한 등하교 과정은 다중밀집, 다접촉 등 감염병 전파 가능성을 높일 수 있어 별개의 대기공간을 조성해 등·하교 과정의 혼잡함을 줄일 필요성이 존재하며, 학교 담장 중 일부 구간을 후퇴시켜서 여유 공간을 확보하며, 이때 가급적 학교 교문 인근에 대기공간 조성을 권장
2) 일부 담장 구간 후퇴를 통해 확보된 대기공간에는 주차공간, 벤치·테이블 등을 배치하여 자녀를 기다리는 학부모의 편의를 고려
3) 확보된 대기공간을 실내 로비화하거나 학교 복합화와 연계된 공간으로 활용하는 방법도 고려

예시 이미지

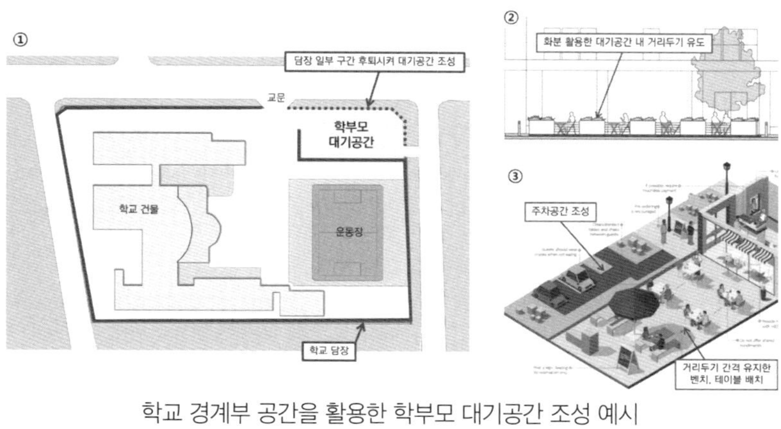

학교 경계부 공간을 활용한 학부모 대기공간 조성 예시

자료: 2) ©NACTOl, 3) ©ReopeningRI

▶ **계획 목표**

- 통학로 구간에서 거리두기가 가능한 디자인을 적용

▶ **실행 지침**

1) 학교 경계부의 통학로 폭과 이용행태를 파악하여 거리두기 디자인을 적용하기에 적합한 통학로 선정
2) 선정된 통학로에 거리두기 안내표시, 보도 패턴, 손 위생 장치, 체온측정 센서 등을 설치해 통학 과정에서 학생 간 거리두기를 유도
3) 필요시 학교 담장 중 일부 구간을 후퇴시켜 통학로 폭을 확대해 거리두기를 유도하고, 해당 구간의 통학로 상부에 소규모 덮개공원을 조성하는 등의 활용 방법도 함께 고려

예시 이미지

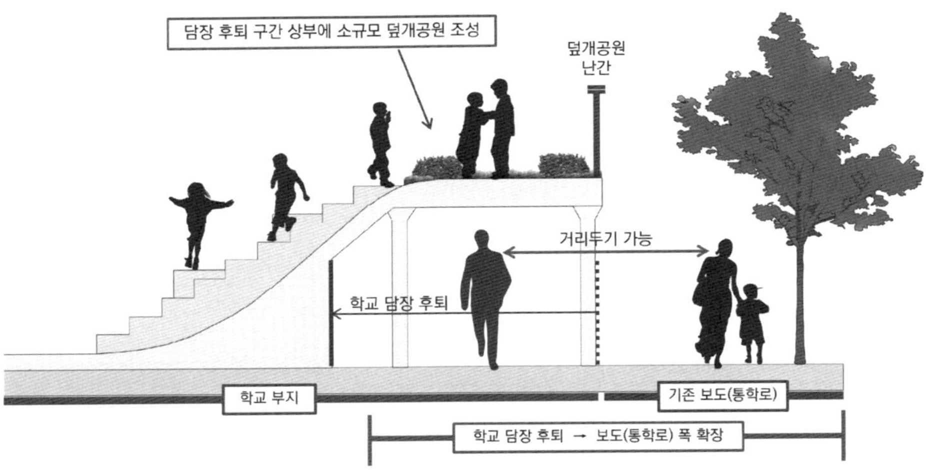

학교 담장 후퇴한 통학로 폭 확대방안 예시

2) 옥외공간

▶ **계획 목표**

- 건물 현관으로 이동하는 과정에 명확한 동선 표시와 센서 감지체계 적용

▶ **실행 지침**

1) 교문에서 학교 건물 현관으로 이동하는 과정에서 밀집 · 접촉으로 인한 감염 확산을 방지하고자 바닥페이빙 등을 통해 명확한 이동동선 안내
2) 이동 동선을 따라 센서를 일정 간격으로 다수 배치하여 학생의 등 · 하교 이동과정에서 체온 감지가 지속적으로 이루어지게 함
3) 이상 증상 학생이 센서에 감지될 시 신속히 이동 동선으로부터 분리해 검진을 받을 수 있는 공간 마련
4) 이동 동선에는 간이 그늘 천막 등의 가변적 디자인을 적용해 더위 · 강우 등의 기상 변화에 대응하고 학생들에게 명확한 이동 동선을 인지시키는 데 기여

예시 이미지

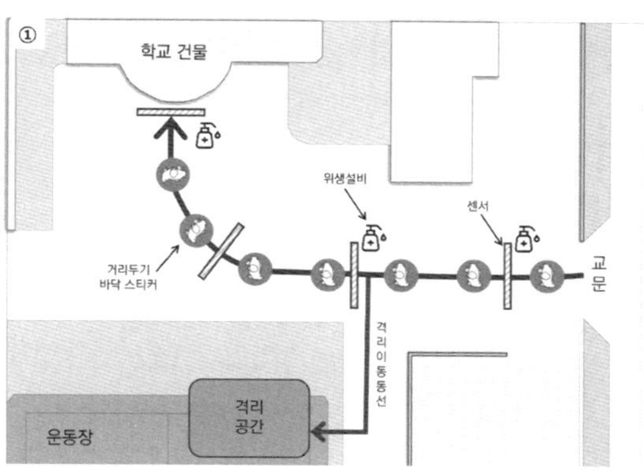

건물 현관으로 이동하는 과정에 적용할 디자인 방안 예시

이동 동선에 적용 가능한 간이 그늘 천막 예시

▶ **계획 목표**

– 옥외공간을 활용해 야외 교과활동이 가능한 디자인 적용

▶ **실행 지침**

1) 학교공간 계획 시 실내외 공간간 연계를 통해 야외 교과활동이 적극적으로 이루어지도록 적절한 중 · 소규모 옥외공간을 조성하고, 야외에서 진행할 수 있는 체험형 · 탐구형 수업방법을 적용하며, 이때 의자, 벤치, 이동형 칠판 등 간단한 가구들을 활용해 옥외공간에서 수업 진행
2) 텐트, 파빌리온 등 임시로 활용 가능한 가변형 구조물로 구성된 야외 교실을 조성하고 운동장, 중정 등 학교 부지 내 활용 가능한 옥외공간에 야외교실을 설치 · 운영
3) 야외 교과활동에 필요한 가구, 설비, 구조물 등을 보관할 수 있도록 창고 공간 활용

예시 이미지

①

②

간단한 가구 등을 활용한 옥외공간 수업 예시[1) 2)]

③

④

가변형 구조물로 구성된 야외 교실 모듈 조성 예시[3) 4)]

자료: 1) ©AAAS, 2) ©TheGlobeAndMail, 3) ©Dezeen, 4) ©Archdaily

3) 교실공통

▶ **계획 목표**

- 적정 수용인원을 고려한 교실 계획기준 마련

▶ **실행 지침**

1) 교실공간 내 과밀을 방지하고 학생 간 안전거리 확보가 가능하도록 적정 수용인원에 기초한 교실계획 마련
2) 감염병 확산방지를 위해 학생 간 안전거리 기준을 적용한 인당 교실 면적으로 교실계획 (ex. 2m 안전거리 기준 인당 6.3㎡ 적용)
3) 교실 내 수용가능한 적정 인원을 지정하고, 수용인원 간 안전거리 확보가 가능한 교실 규모 확대
4) 적정 수용인원 지정 시, 반 편성 규모 조정을 위해 기존의 교실편성 계획보다 다수의 중소형 교실 배치 권장

예시 이미지

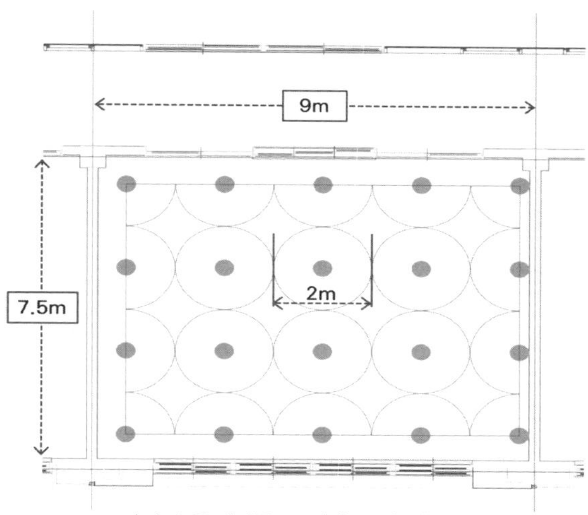

적정 수용인원을 고려한 교실 계획기준

▶ 계획 목표

- 거리두기 유도를 위한 교실 환경 조성

▶ 실행 지침

1) 교실을 이용하는 학생들 간에 거리두기를 유도할 수 있는 교실환경을 조성하여 감염병 확산 방지
2) 사회적 거리두기 모듈이 적용된 바닥 패턴을 적용하여 학생 간 안전거리 확보 유도 및 개인 공간에 대한 영역성 강화
3) 거리두기가 어려울 경우, 책상 칸막이 설치, 교실 내 거리두기 선을 표시하여 사람 간 접촉을 최대한 차단

예시 이미지

거리두기가 적용된 교실 바닥 패턴 적용 예시[1)]

칸막이 설치, 거리두기 선 표시 등
교실 내 거리두기 유도 디자인 예시[2)]

자료: 1) ©(주)엘림, 2) ©여수 여양중학교

▶ 계획 목표

– 야외연계공간을 확대하여 자연환기 및 채광 증진

▶ 실행 지침

1) 교실에서 야외로 연결되는 공간을 확대하여 감염병 확산 방지에 필요한 원활한 자연환기 및 채광 도모
2) 테라스, 베란다, 발코니 등을 통해 교실과 연결되는 야외연계공간을 조성하여 야외공간 활용 증진
3) 야외로 향하는 연결부의 개방성 및 투명도를 고려하여 교실 내 자연환기와 채광 증진 (ex. 유리재질의 접이식도어 활용)
4) 야외연계공간을 활용해 비상대피공간 또는 식재공간 등으로 이용

예시 이미지

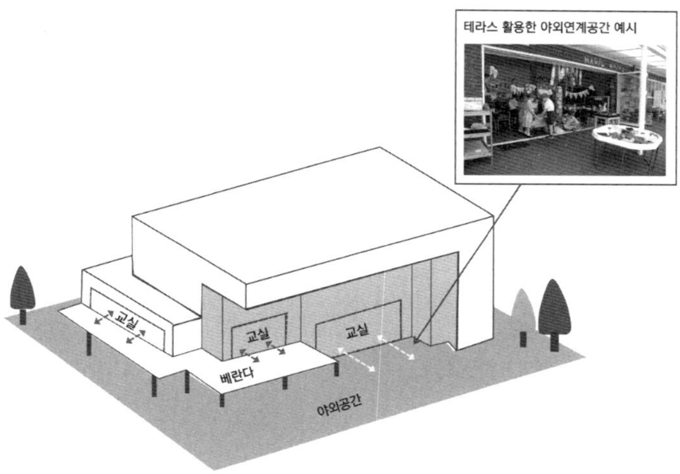

학교시설 야외연계공간 확대방안 예시

4) 일반교실

▶ **계획 목표**

– 가변형 벽체를 활용해 교실공간을 유연하게 활용

▶ **실행 지침**

1) 일반교실 사이 가변형 벽체를 설치하여 학습인원 및 사용 목적에 따라 교실을 통합 이용이 가능하도록 함
2) 인접한 두 개의 일반교실 사이에 가변형 벽체를 설치하여 수용인원 및 사용 목적에 따라 교실을 확장/축소하여 유연한 공간 이용을 도모

예시 이미지

①

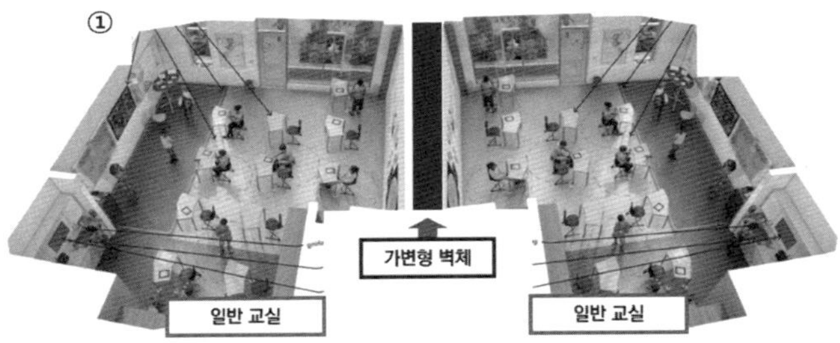

일반 교실 사이 가변형 벽체 사용 예시

②

가변형 벽체의 활용 예시

자료: 1) ©AIA, 2) ©광동 Egood 파티션 제품 유한회사

▶ 계획 목표

- 감염병 안전을 위한 교실 내 공간배치를 적용

▶ 실행 지침

1) 교실 출입구 옆에 위생공간을 조성하여 진출입 시 세정 및 소독을 통해 항원 차단 및 위생 증진 추구(ex. 세면대, 손소독제, 자외선 손건조기 등 설치)
2) 학생들의 주요 학습공간은 교실 정중앙에 배치하여 학습 중 거리유지 및 유연한 자리배치 도모
3) 교사 전용공간의 경우, 일반교실 확장 시 원활한 공간활용을 위해 가변형 벽체의 측면 혹은 맞은편에 배치
4) 가변형 벽체 및 야외연계공간의 인접부는 가급적 열린 공간으로 지정하여 탄력적 공간이용, 채광, 자연환기 기능 도모

예시 이미지

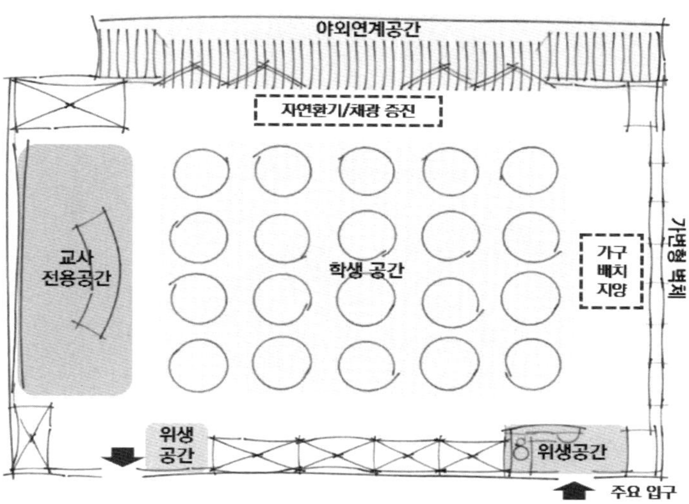

감염병 안전을 위한 교실 내 공간배치 적용 예시

5) 특별교실

▶ **계획 목표**

- 특별교실의 공간적 가변성 · 활용성을 높이는 계획안 적용

▶ **실행 지침**

1) 실습, 이론, 토의 등 여러 형태의 교육이 진행되는 특별교실 내 다양한 학습공간을 세분화하여 효율적 학습과 실내 밀도 분산을 도모하고, 감염병 발생 시 특별교실의 넓은 면적을 활용해 일반교실로 전환하여 사용 가능하도록 설계
2) 가변적 이용이 가능한 가구들을 사용해 특별교실 내 유연한 공간 활용이 가능하도록 설계(ex. 이동 가능한 책장을 통한 그룹별 공간구획)
3) 교사 전용공간의 경우, 실습 수업에 대한 비대면 교육 진행이 가능하도록 특수교실 내 온라인 강의에 필요한 전자장비를 구축

예시 이미지

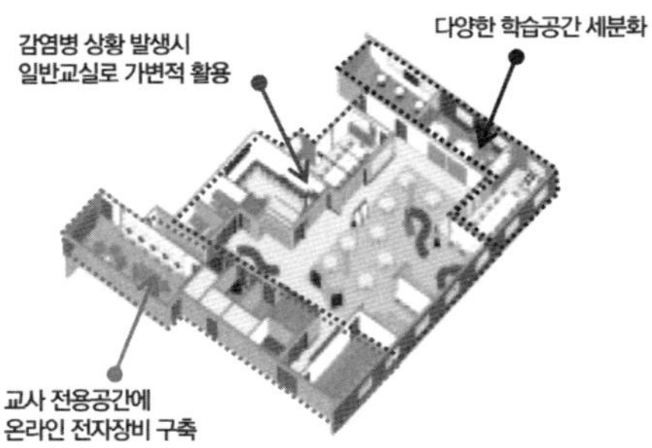

특별교실의 공간 가변성 · 활용성 관련 개념도

▶ **계획 목표**

- AI기반의 스마트 학습 스튜디오(Smart Learning Studio) 조성

▶ **실행 지침**

1) 다수의 소규모 모듈러 강의공간으로 구성된 스마트 학습 스튜디오를 조성하고 쉬는 시간에 스튜디오 활용을 위해 교사 휴식공간과 연결해 배치
2) 각 모듈러 강의공간의 벽면은 수업 간 방음을 위해 차음성 및 흡음성이 우수한 건축자재 사용
3) 수업 영상녹화 및 실시간 스트리밍을 위한 영상장비, IoT기반의 전자칠판 등 원격수업에 필요한 디지털 장비 구축
4) AI기반의 디바이스를 적용 · 배치하여 소프트웨어, 자동인식 기능 등 수업에서 연계 및 활용 가능하도록 계획
5) 강단을 마주하는 벽면에 학생의 얼굴을 볼 수 있는 와이드 스크린을 설치하여 교사의 강의 현실감 및 학습 중 소통 증진

예시 이미지

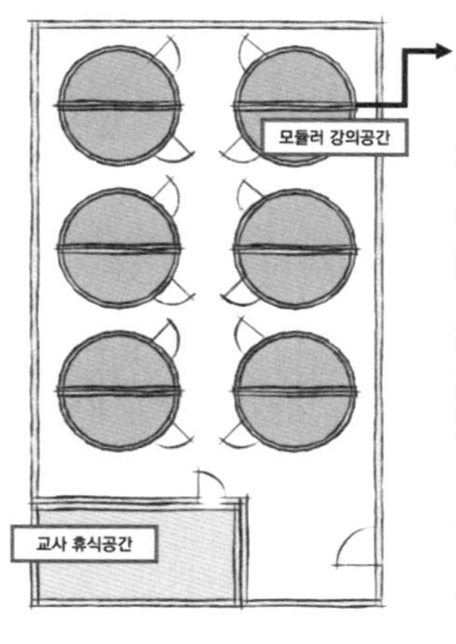

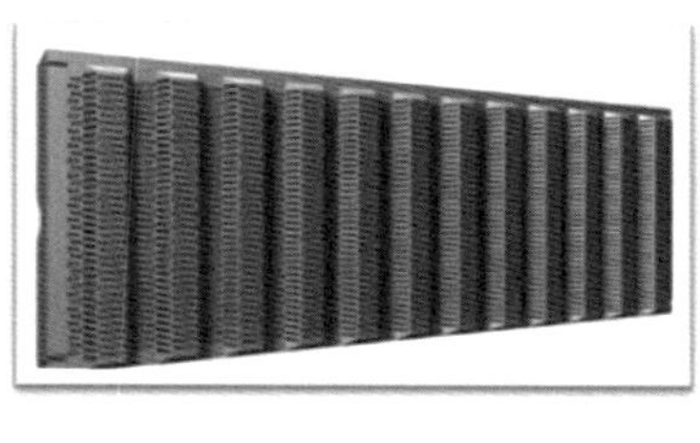

스마트 학습 스튜디오 공간설계 예시

6) 보건실

▶ 계획 목표

- 주요 동선과 분리되면서 접근성이 좋은 위치에 보건실 배치

▶ 실행 지침

1) 평상시 사람들이 누구나 쉽게 이용할 수 있도록 접근성이 좋은 위치에 보건실 배치
2) 감염병 발생 시 보건실은 통제공간으로써의 역할을 수행하기에 다수 인원이 오가는 장소보다는 주요 동선과 분리되는 장소에 배치하고 행정실, 교무실 등 교사시설과 인접하게 배치
3) 보건실에서 실외로 바로 나가는 출입문을 배치하여 이상 증상 출입자가 기존 출입구를 이용하지 않고도 건물 밖으로 이동할 수 있도록 함

예시 이미지

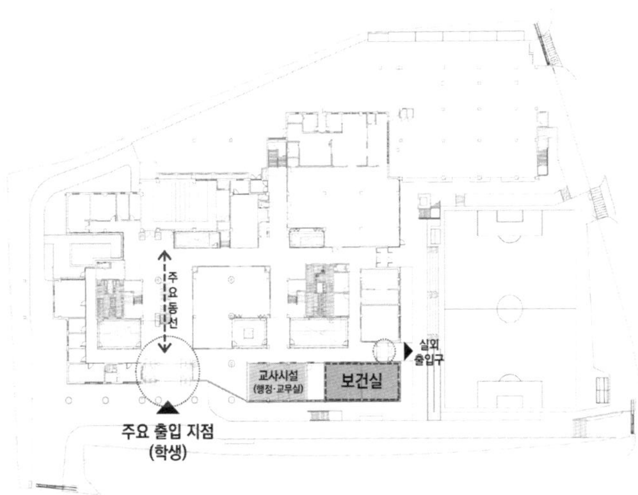

보건실 배치 예시

▶ 계획 목표

– 보건실 내 세부공간 조성 시 감염(의심)자 분리가 가능하도록 공간분리 방안을 적용

▶ 실행 지침

1) 보건실은 대기공간, 업무공간, 안정실, 상담실, 세면대 등 다양한 세부 공간으로 구성되어 있으므로 이를 고려한 감염병 상황에서의 공간분리 계획안 필요
2) 감염병 상황 시 업무 효율성, 감염의심자와의 분리, 출입동선 등을 고려하여 공간 배치
3) 별도의 출입문을 설치하거나 가변형 벽체, 칸막이 등 가변적 구조물을 이용하여 각 공간이 분리될 수 있도록 함

예시 이미지

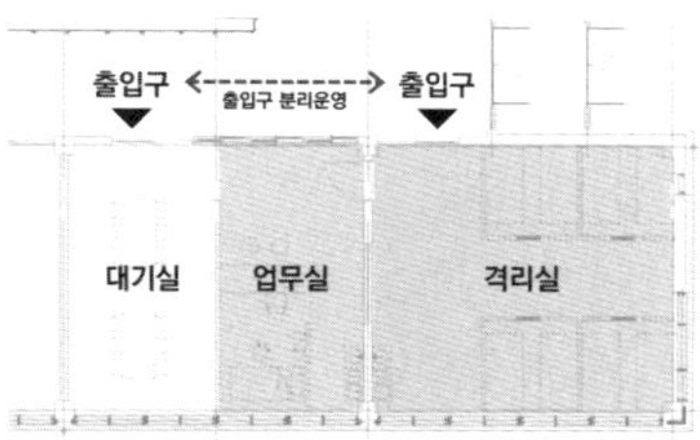

감염병 상황 시 (분리공간 구획 후)

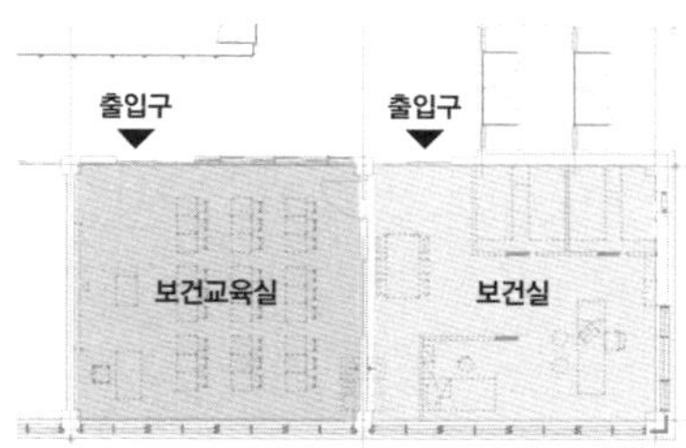

평상시 (분리공간 구획 전)

감염병 상황 시 보건실 조성 방안 예시

▶ 계획 목표

– 감염병 상황 시 학교 여건을 고려하여 별도의 간이 보건실을 층마다 확보

▶ 실행 지침

1) 보건실 인근 교사휴게실, 보건교육실 등을 감염병 격리시설로 활용
2) 감염병 상황 시 층별 계단실에 인접한 소공간(특별교실, 창고 등)을 활용하여 간이 보건실을 확보하는 방법 권장
3) 응급상황 시 환자를 빠르게 이송할 수 있도록 엘리베이터 근처에 간이보건실 및 보건실이 위치할 수 있도록 배치
4) 격리공간 내 의료용품 · 설비를 구비해 감염 여부를 진단하거나 기초적 의료조치를 수행할 수 있는 기능 부여

예시 이미지

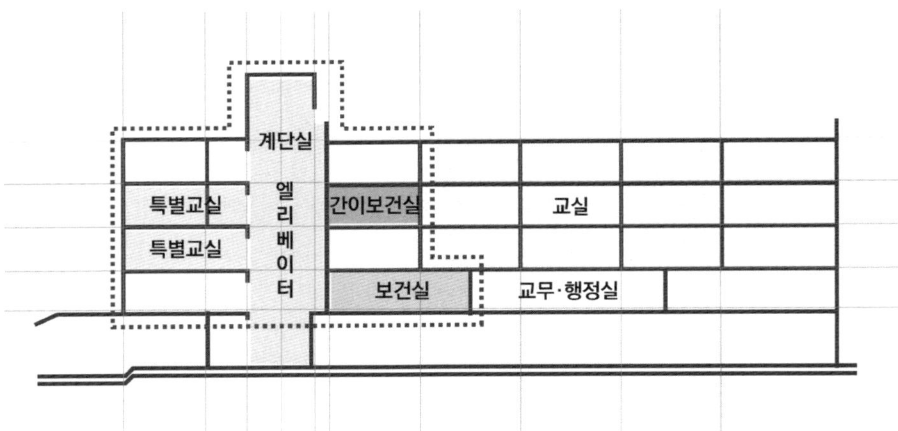

간이 보건실 층별 확보방안 예시

7) 급식실

▶ **계획 목표**

– 명확한 안내표시(동선안내, 출입구)를 통한 이용자 동선 분리

▶ **실행 지침**

1) 급식실 출입문을 2개 이상 만들고 안내표시를 통해 입구와 출구를 분리해 운영
2) 복도 · 계단 바닥 면에 한 방향 통행표시를 설치해 명확한 배식 동선 및 식사자리 안내

예시 이미지

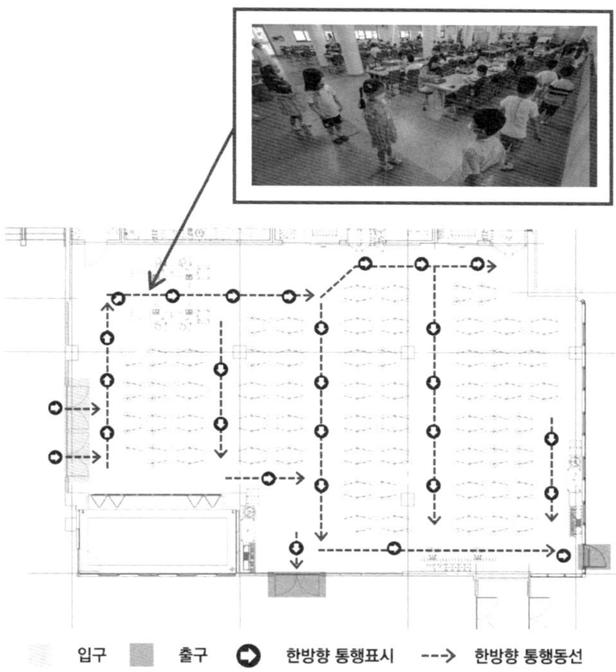

급식실 내 동선분리 안내표시 예시

자료: 1) ©전남일보

▶ **계획 목표**

– 감염병 상황에 필요한 설비를 갖춘 전이공간을 급식실 입구에 조성

▶ **실행 지침**

1) 항균 · 소독 기능이 적용된 에어샤워기, 발판소독기 등이 적용된 에어샤워존을 입구에 배치해 활용
2) 출입자 건강 상태(발열 등)을 측정 가능한 센서를 전이공간에 설치하고 모니터링 공간에서 체온 등을 지속해서 확인
3) 손 씻기가 가능한 위생설비를 설치하고 출입과정에서 위생장갑 사용유도

예시 이미지

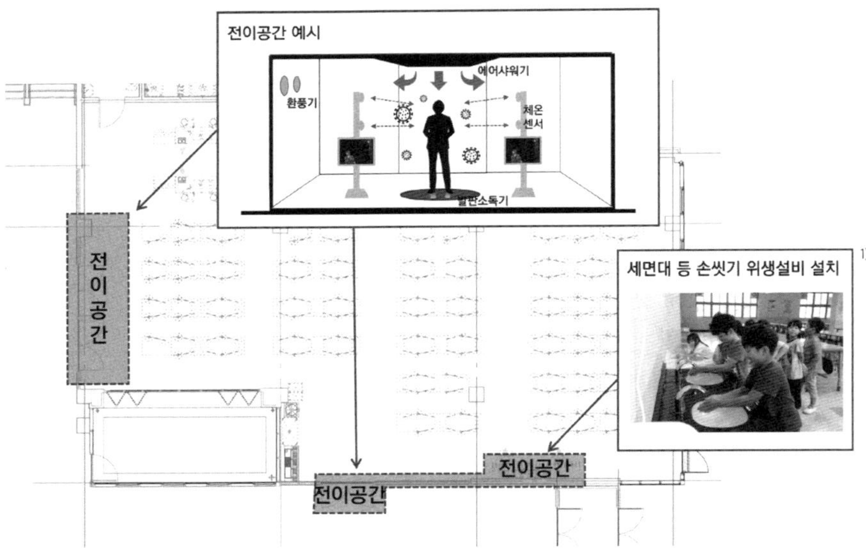

급식실 내 전이공간 조성 예시

자료: 1) ©학부모뉴스24

▶ 계획 목표

- 바이러스 감염 확산을 방지하는 급식실 공간 설계

▶ 실행 지침

1) 식사 자리 간 안전거리(2m)를 유지하도록 계획하고 한 방향을 바라보는 좌석 배치를 계획
2) 배식지점과 거리 확보 또는 좌석 간 안전거리 확보가 힘들 경우 좌석 간 칸막이 설치를 통해 감염 확산 방지
3) 환기 필터는 일반사항에 따른 기준을 따르되, 급식실 내 추가 환기팬을 설치해 실내 공기의 환기를 도모하고, 급식실 내 UV살균 등을 설치해 살균작용, 항원제거, 실내 공기 정화와 같은 기대효과를 도모

예시 이미지

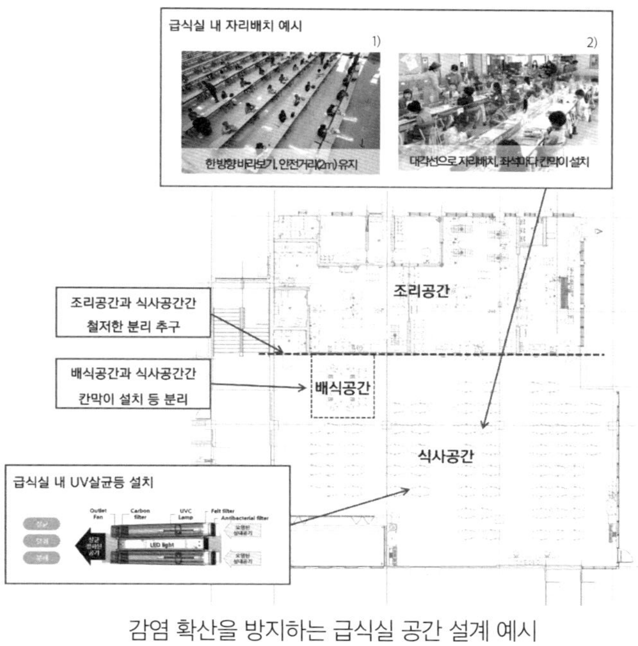

감염 확산을 방지하는 급식실 공간 설계 예시

자료: 1) ©TheConversation, 2) ©TheKoreanHerald, 3) ©Howon.Co.Ltd

▶ 계획 목표

- 손 접촉을 최대한 차단하는 공간 디자인을 고려

▶ 실행 지침

1) 식사배식 담당만 집기를 사용하는 배식 과정으로 전환하거나, 간단한 휴대 포장 사용 등 학생들이 집기를 직접 사용하는 방식을 최소화
2) 손 소독, 쓰레기통, 음수대 등 손 접촉 없이 자동화되는 설비를 구축

예시 이미지

집기 사용 최소화한 배식과정 예시[1) 2)]

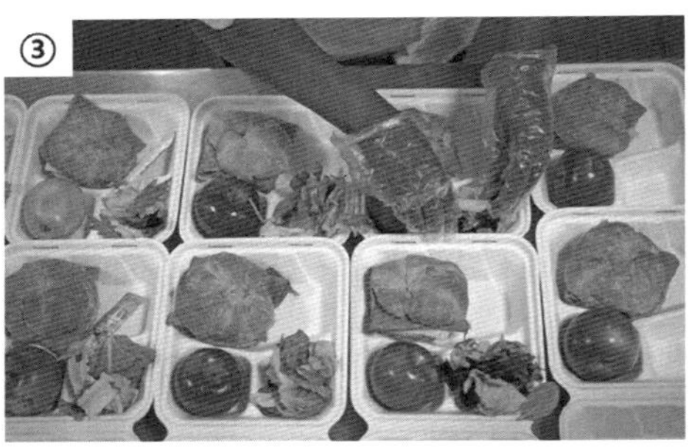

휴대 포장 사용한 급식 과정 예시[3)]

이동형 자동화 손 세면대 모듈 예시[4)]

자료: 1) ©경향신문 2) ©에듀프레스주간교육신문, 3) ©NewYorkTimes 4) ©SLOAN

▶ **계획 목표**

- 급식실 이용 인원 분산을 위한 운영계획 수립

▶ **실행 지침**

1) 전 학년이 동시에 급식실을 이용하기보다 시간대별로 급식실을 이용하는 학년/분반을 지정해 혼잡도를 줄이는 방법을 권장
2) 감염병 상황이 심각해질 경우 급식실 이용보다는 교실 내 급식, 도시락 등 다양한 대체 운영방안을 수립해 실시

예시 이미지

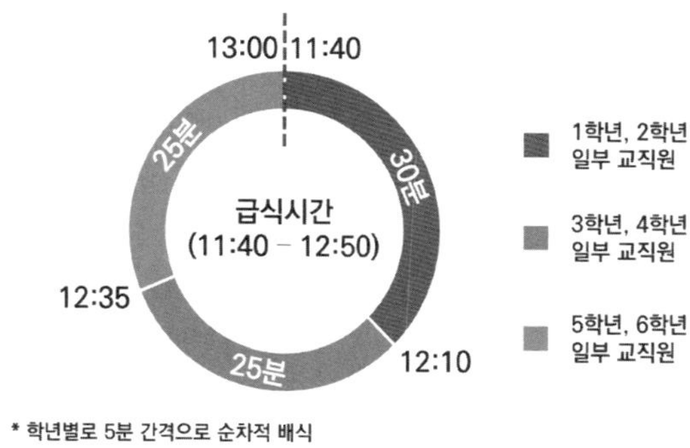

시간대별 학년 급식 예시

교실 내 급식으로의 전환[1]

자료: 1) ©중부일보

8) 교무실 및 행정실

▶ 계획 목표

– 외부 손님 방문 시 사용되는 대기공간 및 회의(미팅)공간을 마련해 외부인 접촉 최소화

▶ 실행 지침

1) 외부인은 감염병 전파 가능성을 높일 수 있어 교무실 인근에 별도 대기공간을 조성해 해당 공간에서 외부인과 필요한 업무를 보도록 배려
2) 교무실 입구 부근에 파티션, 가벽을 활용한 소규모 회의공간을 마련

예시 이미지

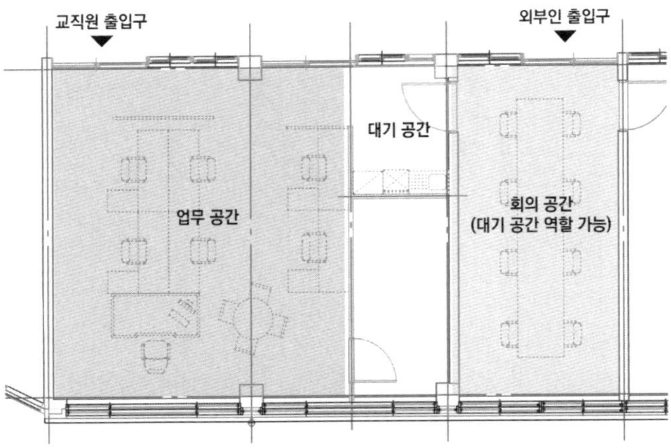

교무실 공간 설계 예시

9) 화장실

▶ **계획 목표**

- 손 접촉 없이 출입 가능한 화장실 출입부 디자인을 적용

▶ **실행 지침**

1) 화장실 출입부에 자동문 설치를 우선적으로 권장
2) 평상시에는 화장실 출입문을 설치하되, 감염병 상황에서 불가피할 경우 폴딩 도어나 무빙 월을 활용한 가림막 구조를 출입부에 만들어 문 없이도 화장실 출입과 이용이 가능하도록 설계
3) 위의 경우 폴딩 도어나 무빙 월에 쪽창을 설치해 교사가 화장실 안전사고 등을 주기적으로 점검할 수 있도록 함

예시 이미지

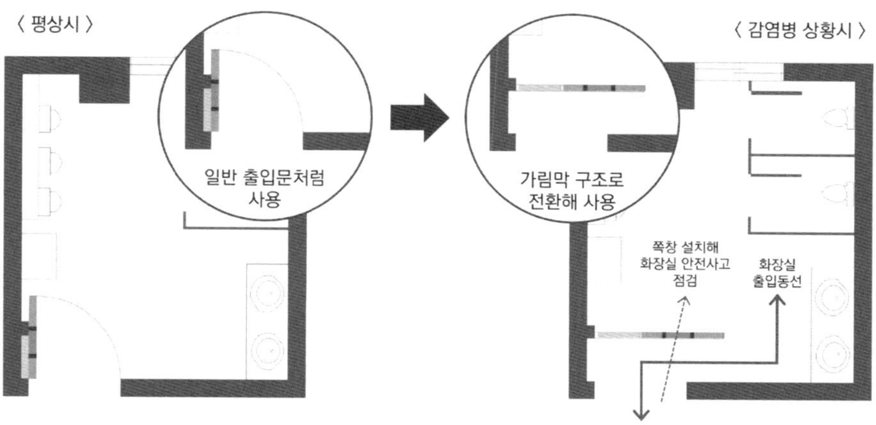

감염병 상황 시 전환 가능한 화장실 출입문 예시

(좌 : 평상시 일반 출입문처럼 사용, 우 : 감염병 상황 시 가림막 구조로 전환 사용)

▶ **계획 목표**

– 손 접촉 없이 화장실 기기 · 설비 이용이 가능한 디자인을 적용

▶ **실행 지침**

1) 자동화 장치, 음성 인식, 동작 인식 등이 가능한 화장실 기기 · 설비를 적용하고, 대변기 칸막이 문을 손 접촉 없이 여닫을 수 있는 디자인 적용
2) 다중 접촉이 발생하는 수도꼭지, 손잡이, 스위치 등이 포함된 화장실 기기 · 설비에 우선적으로 자동화 장치 및 인식 설비를 적용해 손 접촉 없이 사용하도록 배려
3) 비누의 경우 자동 손세정기, 자동 디스펜서 등을 사용하며, 다중 접촉 및 공기 중 입자 확산 우려가 있는 수건이나 핸드 드라이어(자동 손건조기) 사용은 제한하거나 금지

예시 이미지

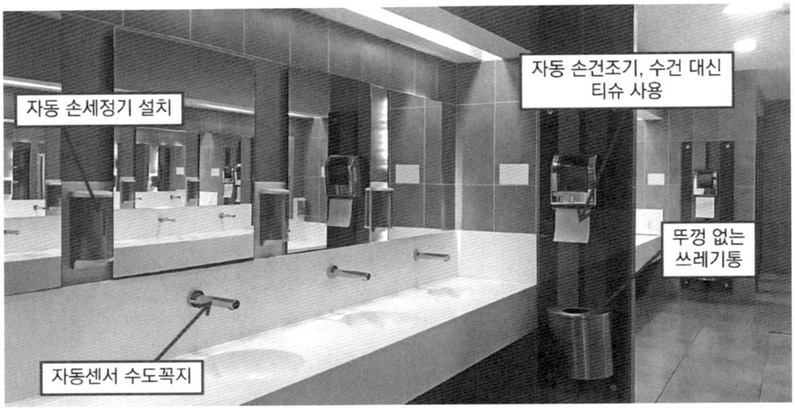

손 접촉 없이 이용 가능한 화장실 디자인 예시[1)]

자료: 1) ©CMM

▶ **계획 목표**

– 화장실에서 지켜야 할 감염 예방 수칙 안내 표시를 이용자가 쉽게 인지할 수 있는 위치 및 장소에 설치

▶ **실행 지침**

1) 손 씻기를 강조하는 안내 표시를 세면대 인근, 화장실 입구 등에 설치하며, 이때 학생의 눈높이에 맞는 위치에 설치
2) 변기 사용 후 뚜껑을 닫고 물을 내려야 한다는 안내표시를 칸막이 문 또는 휴지걸이 인근에 설치
3) 거리두기를 강조하는 바닥 표시 페이빙 등을 통해 화장실 이용과정에서 학생들이 가급적 밀집되어 있지 않도록 유도

예시 이미지

이동 동선 및 거리두기 안내 표시 예시[1)]

손 씻기 안내 및 거리두기 바닥 표시 예시[2)]

자료: 1) ©Space4Learning, 2) ©CNN

10) 현관, 복도 및 계단

▶ **계획 목표**

– 학교를 출입하는 이용자별로 서로 다른 현관을 배정

▶ **실행 지침**

1) 출입 과정에서 다중 접촉으로 인한 감염 방지를 위해 학생, 교직원, 외부인 등 주요 이용자별로 이용 가능한 현관을 각각 지정
2) 이용자별로 학교 내에서 주로 활동하는 공간(실)을 파악하여 해당 공간(실)과 가장 가까운 현관을 이용자별로 배정
3) 교문에서 가장 가깝고 접근하기 쉬운 현관의 경우 학생들이 이용하도록 배정

예시 이미지

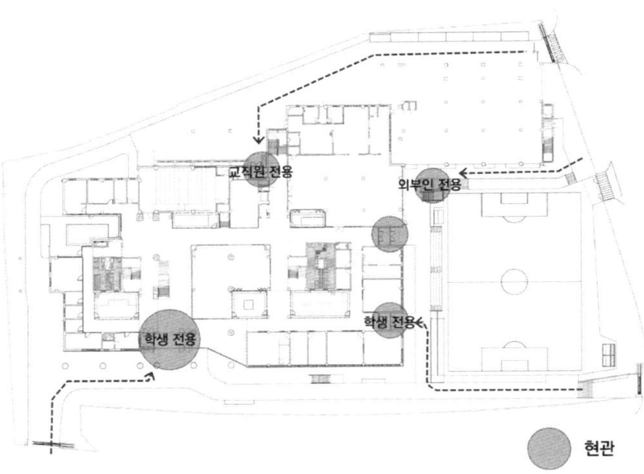

학교 출입 이용자별 서로 다른 현관 배정 예시

▶ 계획 목표

– 감염병 상황에 필요한 설비를 갖춘 전이공간을 현관부에 조성

▶ 실행 지침

1) 항균 · 소독 기능이 적용된 에어샤워기, 발판소독기 등이 적용된 에어샤워존을 현관부에 배치해 활용하고, 파티션 등 가변적 구조물을 활용해 현관부 전이공간의 진출입 동선을 분리
2) 다수의 출입자 건강 상태(발열 등)를 동시에 측정 가능한 다수의 센서를 설치하고 모니터링 공간에서 체온 등을 지속적으로 확인하고, 현관 출입부에 손씻기 가능한 위생설비를 설치해 출입과정에서 사용을 유도
3) 데이터 분석 · 저장 프로그램을 함께 구축해 센서로 측정된 출입자 건강정보를 자동으로 저장해 감염병 상황 시 필요한 역학조사 등에 사용

예시 이미지

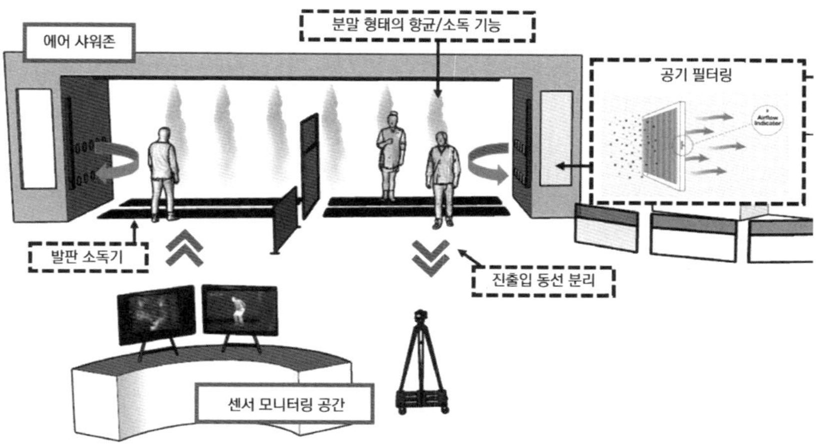

현관부 전이공간 조성 예시

▶ 계획 목표

- 이상 증상 출입자를 신속히 분리하는 별도 격리공간 조성

▶ 실행 지침

1) 현관부 전이공간에서 이상 증상 출입자가 감지될 경우 격리공간으로 해당 인원을 이동시켜 건강상태 등을 확인해 조치하고, 해당 격리공간은 현관부의 진출입 동선으로부터 명확하게 분리
2) 파티션 및 바닥 안내 표시 등 간이 시설을 활용해 격리공간으로 연결되는 분리 동선을 안내하고, 격리공간에는 야외로 연결되는 출입문을 배치하여 이상 증상 출입자가 기존 출입구를 이용하지 않고도 건물 밖으로 이동할 수 있도록 함
3) 격리공간 내에는 간이 의료용품 · 설비를 구비해 감염 여부를 진단하거나 기초적 의료조치를 수행하도록 하고, 평상시에는 가벼운 질환에 대처하는 간이 보건실로 활용하다가 감염병 상황이 발생하면 격리공간으로 활용

예시 이미지

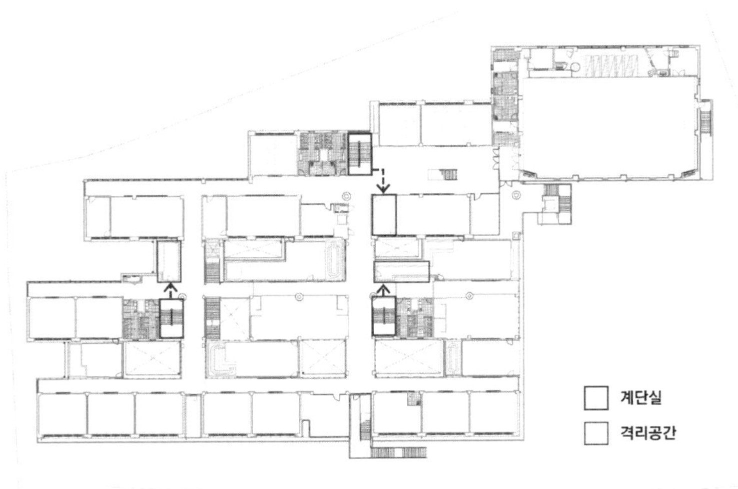

별개 격리공간 조성 예시

▶ **계획 목표**

- 건물 출입 후 바로 층별 이동이 가능하도록 현관과 수직동선(계단실)을 적극적으로 연계한 공간 구성

▶ **실행 지침**

1) 이용자가 다른 동선을 선택하지 않고 교실, 교무실 등 목적지로 이동할 수 있도록 로비공간을 최소화하여 현관에서 곧바로 수직동선(계단실)으로 연결되는 출입공간을 조성하는 방법을 권장
2) 현관에서 수직동선으로 연결되는 명확한 이동 동선을 지정 · 안내하는 디자인을 통해 로비공간에서의 이동 동선을 관리하는 방법 사용
3) 이용자별로 지정된 현관마다 수직동선으로 바로 이동할 수 있도록 현관마다 연결된 계단실 확보를 권장

예시 이미지

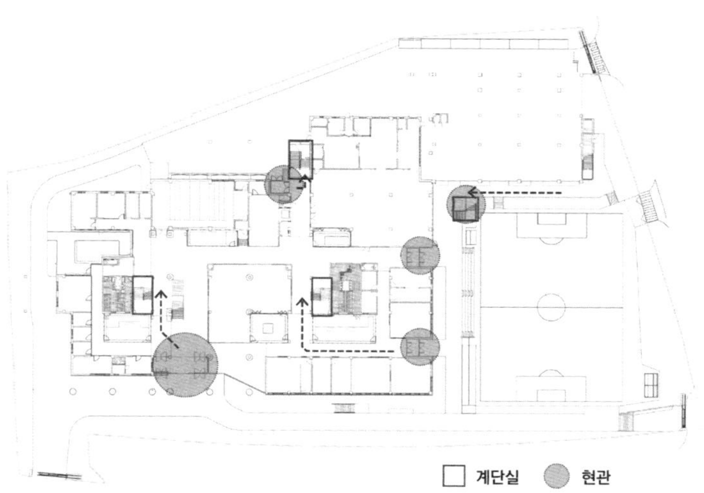

현관과 수직동선(계단실) 연계된 학교 평면 예시

▶ **계획 목표**

– 계단, 복도를 통행 · 이동하는 과정에서 감염 확산을 방지할 수 있는 공간디자인 적용

▶ **실행 지침**

1) 층별 계단실 출입구마다 체온 감지 센서를 설치해 학교 내 인원의 이동 동선 및 이상 증상 여부를 지속적으로 모니터링
2) 현관부 전이공간과 마찬가지로 데이터 분석 · 저장 프로그램을 함께 구축해 계단실 출입구 센서에도 활용하도록 함

예시 이미지

계단실 출입구에 설치해 활용하는 체온 감지 센서 개념 예시

| 나가며 |

▶ 포스트코로나 사회변화상 및 도시공간 변화상

- Covid-19로 인한 개인별 감염과 사회 전체로의 확산을 방지하기 위해 사람들의 일상생활에 많은 사회적 변화가 발생하고 있음
- 본 고는 6개 분야(일상생활 및 여가, 보건 및 의료서비스, 교통, 상업, 교육 · 육아, 산업구조 및 고용)에 대한 사회변화상을 도출하였고 결과는 〈표 7-1〉과 같음
- 감염병 관련 도시공간의 취약요소를 도출하고 도시공간구조의 영향을 분석한 후 도시공간의 변화상 제시

<표 7-1> 포스트코로나 주요 사회변화 및 도시공간 변화

구 분	내 용
사회 변화상	• 감염을 피하고자 사람 간 접촉을 최소화하고 도시 내 이동 자제
	• 비대면 사회가 일상화되면서 다양한 사회적 변화에 대응하는 인프라가 필요
	• 감염병에 대응하기 위한 보건/의료서비스의 확충과 개인/시설물에 대한 위생방역 관심
도시 공간 변화상	• 감염병 관련 도시공간 취약요소를 물리적 요소, 사회경제적 요소, 환경적 요소로 나누어 설명
	• 도시공간구조에의 영향을 도시밀도 · 토지이용/대중교통 · 공공서비스 /기초생활인프라/스마트인프라 측면으로 나누어 도시공간 변화상 제시
	• 도시공간 변화상은 도시의 밀도/혼잡을 줄이고 사회변화에 대응하는 시설 확충을 위한 토지 이용 계획 필요
	• 대중교통과 공공서비스의 위생/방역을 강화하고 사람들의 혼잡을 최소화
	• 기초생활 인프라를 도보로 접근 가능한 생활권 내에 배치시켜 도시의 자족성을 향상시켜야 함
	• 비대면/온라인 사회에 적응하기 위한 스마트 인프라의 구축 필요

▶ 포스트코로나 도시 주요 쟁점

- 각종 사회현상 분석, 관련 관련연구 포함한 문헌조사 등을 통해 파악한 사회변화상 및 도시공간변화상을 토대로 포스트코로나 도시 주요 쟁점 도출
- 포스트코로나 도시의 주요 쟁점으로 분산화, 자족성, 건강/보건, 스마트, 가변성 5가지 제시
- 각각의 주요 쟁점을 통해 포스트코로나 시대 도시조성의 핵심 목표 제시

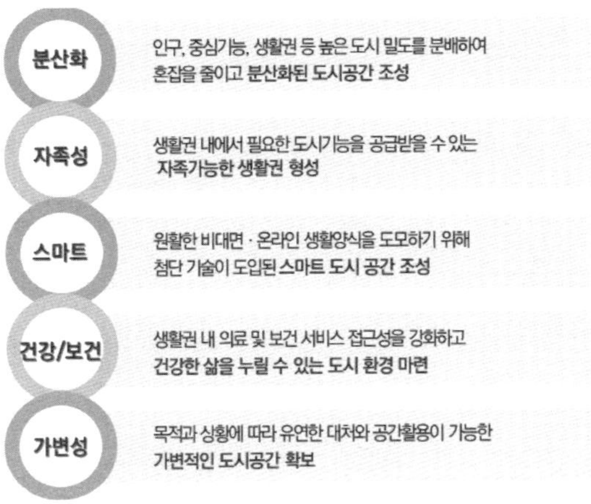

<그림 7-1> 포스트코로나 주요 쟁점사항

▶ Covid-19에 한정된 내용

- 많은 감염병 중 Covid-19 및 관련 영향 · 현상에 한정함으로써 Covid-19로 인한 단기적 영향에 초점을 맞춰 감염병 대응방안 도출
- 부문별 설계방향에서 명시한 적용방안은 Covid-19와 전파 원인이 유사한 감염병(비말접촉, 공기전염)에는 유사한 예방 효과를 보일 수 있음
- 하지만 수인성 감염병, 병충해에 의한 감염 등 다른 감염병 종류에 동일한 적용은 불가
- 추후 필요할 경우, 다른 감염병을 예방하는 도시조성에 관한 수행 필요

▶ 감염병 관련 실증적 연구 부족

- 도시와 감염병 간 관련 실증적 연구가 부족하고 미비하여 정책적, 경제적, 사회적 및 도시

요소와 감염병 간 관계 등 관련 연구 필요

- 정책적 연구의 경우 도시의 감염병 대응 정책의 효과, 교통정책에 따른 감염병 대응 효과 등을 중점적으로 살펴볼 필요성 대두
- 경제연구의 경우 감염병으로 인한 도시 피해, 감염병 대응 도시의 경제적 타당성 등 분석 필요
- 사회적 연구의 경우 공동체 의식과 감염병과의 관계, Covid-19로 인한 사회변화에 관한 연구 등에 주목
- 도시 요소와 감염병 쟁점 연구의 경우 밀도, 녹지, 대중교통 등 주요 도시적 요소와 감염 취약성 간의 상관관계 및 영향을 분석하는 기초자료 마련에 집중
- 각 설계방향이 적용된 시범단지 조성을 통한 실증적 검증을 통해 세부 대응방안 수정 · 보완 필요

▶ 감염병 대응방안에 대한 사회적 합의 부족

- 감염병에 대응하는 도시공간을 조성하는 과정에서 상당한 사회적 갈등을 유발할 수 있음
- 감염병 상황에 대응하는 과정에서 국가의 역할 부담, 개인의 자유 통제 여부, 개인정보 보호 관련 이견 문제 등이 발생할 가능성 존재
- 감염병 대응에 있어 도시, 건축, 보건 등 관련 기관 및 분야 간 역할과 비중에 대한 의견 갈등 표출
- 감염병에 대응하기 위한 인프라 구축, 인프라 유지 관리 비용 정도, 지급 주체와 관련된 논의 지속적 제기
- 갈등 해결을 위해 정부, 시민, 전문가 등 도시공간에서 생활하는 모든 이해관계자 및 참여자들이 논의 · 토론하여 사안을 결정하는 사회적 합의 과정 필요

▶ 포스트코로나 도시조성을 위한 고려사항

- 포스트코로나 도시조성에서 변화될 도시 용도 및 입지 비율, 적정 실내 밀도 등 감염병에 안전한 도시 환경 구축을 위해 지속적인 도시 및 감염병 관련 연구 필요
- 포스트코로나 도시조성에 있어 사회적 갈등을 조정하고 해소할 수 있는 사회적 합의 과정 필요

| 참고문헌 |

[국내 문헌]

- 김남순 외. 2020. 유럽 국가 보건의료체계가 코로나19 대응에 미치는 영향 비교 · 분석. 한국보건사회연구원.
- 김동근. 2020. 포스트 코로나 시대, 감염병 대응형 도시계획 방향.
- 김라영, 허창호. 2020. 코로나19와 도시, 도시회복력과 도시정책 방향. GYRI ISSUE BRIEF. 고양시정연구원.
- 김은희. 2020. 포스트 코로나 시대 건축정책 방향.
- 박미선, 조윤지. 2020. 코로나19같은 감염병 상시 위기시대, 1인가구 주거불안 양상과 주거정책 시사점.
- 박진철. 2020. 코로나19의 건축설비적 대응방안. 대한건축학회 건축 64(6).
- 서울연구원. 2020. 감염병시대 도시의 운명과 서울의 미래_서울연구원 개원 28주년 기념세미나 자료집.
- 서울연구원. 2020. 포스트 코로나시대 : 새로운 표준을 이끄는 서울의 정책.
- 서울특별시. 2020. 포스트 코로나 시대 서울 도시계획 과제와 정책방향 과업 개요.
- 이경기. 2020. 감염병 확산에 대응하는 공간체계 구축.
- 이시철. 2020. 밀도와 안전의 공존 가능성 : 코로나19 시대, 공간계획의 변화 방향 예측. 국토계획 55(5).
- 이왕건. 2020. 코로나19 시대 도시 사회 · 공간 변화와 정책과제. 국토정책 Brief No763. 국토연구원.

• 정익중. 2020. 코로나19로 인한 아동돌봄 문제에 대한 해외 대응과 그 시사점. 국제사회보장리뷰 2020 여름호 Vol. 13, p 47-59.
• 최아라. 2020. 코로나19, 아동돌봄 쟁점과 과제. 아시아문화학술회지 Vol. 5 No.5.1.
• 최윤경. 2020. 코로나19와 아동 돌봄의 쟁점. 2020년 젠더리뷰 여름호 Vol. 57. 한국여성정책연구원.
• 한국토지주택공사. 2020. 보육 · 교육 기능 강화를 통한 아이키우기 좋은 신도시조성방안 연구용역.
• 한국토지주택공사. 2020. 코로나19이후 미래 변화에 대비한 건강도시조성방안 연구용역.
• 이진희, 박정호, 이경주. 2020. 감염병 대응을 위한 공간정책 과제. 국토연구원.
• 현정희. 2017. 신종감염병 유행과 감염병 위기대응체계 구축. 한국건강증진개발원. Weekly Issue. 21, 1-8.
• 한국농촌경제연구원. 2020. Covid-19 확산에 따른 농식품 소비 분야 영향.
• 손창우. 2020. 코로나 19(COVID-19) 대응을 통해 본 서울시 신종감염병 관리의 현재와 미래.
• 손창우. 2020. 건강도시 관점에서 본 서울시 코로나 19 대응과 건강도시의 정책 방향.

[단행본]

• 서울연구원. 2020. 감염병시대 도시 변화의 방향을 묻다.

[해외 문헌]

• B. Gösta, D. Baganz, W. Kloas, and F. Lohrberg. 2020. Urban Planning and Corona Spaces - Scales, Walls and COVID-19 Coincidences. REAL CORP 2020 Proceedings Tagungsband, 15-18.
• Jawad, A. J. 2020. Effectiveness of Population Density as Natural Social Distancing in COVID19 Spreading. Ethics, Medicine and Public Health, 15:100556.

- Jiao, Wen Yan, Lin Na Wang, Juan Liu, Shuan Feng Fang, Fu Yong Jiao, Massimo Pettoello-Mantovani, and Eli Somekh. 2020. Behavioral and Emotional Disorders in Children during the COVID-19 Epidemic. Journal of European Pediatric Association, June 221, 264-266.
- Lerner, E. Brooke, Craig D. Newgard, and N. Clay Mann. 2020. Effect of the Coronavirus Disease 2019 (COVID-19) Pandemic on the U.S. Emergency Medical Services System: A Preliminary Report. Academic Emergency Medicine, 27(8), 693-699.
- Salama, Ashraf M. 2020. Coronavirus Questions That Will Not Go Away: Interrogating Urban and Socio-Spatial Implications of COVID-19 Measures. Emerald Open Research, 2:14.
- Hamidi, S., Sabouri, S., & Ewing, R. 2020. Does density aggravate the COVID-19 pandemic? Early findings and lessons for planners. Journal of the American Planning Association, 86(4), 495-509.
- Hamidi, S., Ewing, R., & Sabouri, S. 2020. Longitudinal analyses of the relationship between development density and the COVID-19 morbidity and mortality rates: Early evidence from 1,165 metropolitan counties in the United States. Health & Place, 64, 102378.
- Isabelle Anguelovski, Anna Livia Brand, James J. T. Connolly, Esteve Corbera, Panagiota Kotsila, Justin Steil, Melissa Garcia-Lamarca, Margarita Triguero-Mas, Helen Cole, Francesc Baró, Johannes Langemeyer, Carmen Pérez del Pulgar, Galia Shokry, Filka Sekulova & Lucia Argüelles Ramos. 2020. Expanding the Boundaries of Justice in Urban Greening Scholarship: Toward an Emancipatory, Antisubordination, Intersectional, and Relational Approach. Annals of the American Association of Geographers, 110:6, 1743-1769.
- Robert Krzysztofik, Iwona Kantor-Pietraga & Tomasz Spórna. 2020. Spatial and functional dimensions of the COVID-19 epidemic in Poland. Eurasian Geography and Economics, 61:4-5, 573-586.

- Earl, C., & Vietnam, R. 2020. Living with Authoritarianism: Ho Chi Minh City during COVID-19 Lockdown. City & Society (Washington, D.C.), 10.1111/ciso.12306. Advance online publication. https://doi.org/10.1111/ciso.12306.
- Comunian S, Dongo D, Milani C, Palestini P. 2020. Air Pollution and COVID-19: The Role of Particulate Matter in the Spread and Increase of COVID-19's Morbidity and Mortality. International Journal of Environmental Research and Public Health, 17(12), 4487.
- Frontera, A., Martin, C., Vlachos, K., & Sgubin, G. 2020. Regional air pollution persistence links to COVID-19 infection zoning. Journal of Infection, 81(2), 318-356.
- Şahin, M. 2020. Impact of weather on COVID-19 pandemic in Turkey. Science of the Total Environment, 728, 138810.
- Bhowmick, G. D., Dhar, D., Nath, D., Ghangrekar, M. M., Banerjee, R., Das, S., & Chatterjee, J. 2020. Coronavirus disease 2019 (COVID-19) outbreak: some serious consequences with urban and rural water cycle. NPJ Clean Water, 3(1), 1-8.
- Toffler, A. 1981. The third wave. New York: Bantam Books.
- Hawley, J. C. 1986. Review: Jane Austen's Heroines. Intimacy in Human Relationships. Christianity & Literature, 35(2), 46-47. https://doi.org/10.1177/014833318603500215

[법령]

- 감염병의 예방 및 관리에 관한 법률, 법률 제17642호 (2020. 12. 15. 일부개정).